高等职业教育产教融合特色系列教材

智能制造技术

主　编　朱永丽
副主编　陈　渝　李　玉　杨　欢
　　　　杨　政　徐　维
主　审　万　兵

北京理工大学出版社
BEIJING INSTITUTE OF TECHNOLOGY PRESS

内容简介

本书为重庆工程职业技术学院机电一体化技术专业群"双高"项目建设成果。为适应现代智能制造行业发展，在对多所高职院校和企业进行充分调研，明确了学生应需掌握的知识和技能情况下，构建科学课程体系，制定课程标准，确定本书框架内容。

本书共五个项目，以真实操作项目为载体，全书涵盖认识智能制造系统、工业电子与传感技术的应用、先进制造设备的应用、认识现代信息技术与人工智能、自动化生产线调试等项目。每个项目包含多个不同任务，向读者介绍各种智能制造技术的核心要素、关键技术及其在现实中的实际运用。我们将采用简明易懂的语言，结合丰富的图表和实例，系统地介绍智能制造技术的核心概念和实践。

本书的内容符合专科层次机电一体化专业学生职业技能的培养要求，可作为高等院校工业机器人技术、机电一体化技术和电气自动化技术等专业的教材，也可作为智能制造与自动化工程技术人员的进修与培训用书。

版权专有　侵权必究

图书在版编目（CIP）数据

智能制造技术 / 朱永丽主编. — 北京：北京理工大学出版社，2023.8（2023.9 重印）
ISBN 978-7-5763-2713-7

Ⅰ.①智… Ⅱ.①朱… Ⅲ.①智能制造系统　Ⅳ.①TH166

中国国家版本馆 CIP 数据核字（2023）第 150361 号

责任编辑：张鑫星	文案编辑：张鑫星
责任校对：周瑞红	责任印制：李志强

出版发行 / 北京理工大学出版社有限责任公司
社　　址 / 北京市丰台区四合庄路 6 号
邮　　编 / 100070
电　　话 /（010）68914026（教材售后服务热线）
　　　　　（010）68944437（课件资源服务热线）
网　　址 / http://www.bitpress.com.cn

版 印 次 / 2023 年 9 月第 1 版第 2 次印刷
印　　刷 / 涿州市新华印刷有限公司
开　　本 / 787 mm×1092 mm　1/16
印　　张 / 15
字　　数 / 341 千字
定　　价 / 49.80 元

图书出现印装质量问题，请拨打售后服务热线，负责调换

前　言

党的二十大报告指出：教育、科技、人才是全面建设社会主义现代化国家的基础性、战略性支撑；统筹职业教育、高等教育、继续教育协同创新，推进职普融通、产教融合、科教融汇，优化职业教育类型定位。当前，科教兴国战略已经成为国家战略的重要组成部分，高职教育的地位日益重要，高质量的创新型人才培养已经成为实施科教兴国战略的重要举措之一。编写本书旨在贯彻落实国家科教兴国战略，推动工业机器人技术的应用和创新，为我国现代化建设提供有力的人才支撑和技术支持。

随着技术的不断演进和突破，传统制造业正在经历一场全面的转型升级。智能制造技术作为一种全新的制造理念和方法论，为制造企业提供了新的增长机会和竞争优势，不仅可以提高生产效率和产品质量，还能够实现个性化定制、快速响应市场需求以及降低能源消耗和环境污染。我们相信，智能制造技术将在未来的制造业中扮演至关重要的角色，并对经济、社会和环境产生深远影响。因此，了解和掌握智能制造技术已经成为现代制造业从业者、学者和决策者的必备知识和能力。

本书在编写时联合相关科研机构、高校、企业的多位智能制造技术相关专家，提炼多个典型应用案例，理论和实践相结合，力争帮助高职学生全面了解智能制造技术的基本概念、原理和应用。本书按照"由浅入深"的原则设置了项目，每个项目包含多个不同任务，采用简明易懂的语言，结合丰富的图表和实例，系统地介绍智能制造技术的核心概念和实践。我们希望学员通过本书的学习，能够为后续课程学习打下坚实的专业基础，为学员未来的职业发展做好准备。

本书配套有大量的高清实物图片、教学视频等多媒体教学资源以帮助学生学习。学习的过程中，学生可以扫描书中的二维码观看配套教学资源，也可在 https://icve→mooc.icve.com.cn/cms/（智慧职教 MOOC 学院）搜索"智能制造技术"获取相关数字化学习资源；数字化学习资源包括课程演示文稿、微课、教案、综合考核题目、教学大纲等。

本书由重庆工程职业技术学院朱永丽主编，重庆水利电力职业技术学院万兵教授为主审，重庆工程职业技术学院陈渝、李玉、杨欢、杨政，重庆工贸职业技术学院徐维任副主编，参加编写的团队成员还包括天津职业技术师范大学蒋永翔教授，天津博诺智创机器人技术有限公司周旺发、王帅，库卡机器人（上海）有限公司陈宏，埃夫特智能装备股份有限公司曾辉，北京锐科环宇科技有限公司韩海川等。

在本书的编写过程中，遨博（北京）智能科技有限公司、埃夫特智能装备股份有限公司、北京锐科环宇科技有限公司、安徽博皖机器人有限公司、湖北博诺机器人有限公司、天津博诺智创机器人技术有限公司、重庆城市职业学院、重庆水利电力职业技术学院、天津市职业大学、天津渤海职业技术学院、天津现代职业技术学院、天津交通职业学院、天津机电职业技术学院、天津工业职业学院、天津职业技术师范大学等企业和院校提供了许多宝贵的建议和大力支持，在此郑重感谢。

由于编者水平有限，书中难免存在不足之处，敬请广大读者批评指正。

编　者

目 录

项目 1　认识智能制造系统 …………………………………………………… 1

　　任务 1.1　认识智能制造系统构成 ……………………………………………… 2
　　任务 1.2　理解智能制造发展意义 ……………………………………………… 6

项目 2　工业电子与传感技术的应用 …………………………………………… 13

　　任务 2.1　嵌入式技术之认识 51 单片机 ……………………………………… 13
　　任务 2.2　自动识别技术之认识 RFID ………………………………………… 16
　　任务 2.3　传感器技术之光电传感器的使用 …………………………………… 22

项目 3　先进制造设备的应用 …………………………………………………… 29

　　任务 3.1　数控机床车削加工编程 ……………………………………………… 30
　　任务 3.2　增材制造 3D 打印技术应用 ………………………………………… 36
　　任务 3.3　ABB 工业机器人的日常维护 ……………………………………… 43
　　任务 3.4　工业机器人绘图程序编写 …………………………………………… 49
　　任务 3.5　智能控制之 PLC 简易交通灯控制 ………………………………… 54
　　任务 3.6　无人搬运工具——激光导航 AGV 小车 …………………………… 62

项目 4　认识现代信息技术与人工智能 ………………………………………… 70

　　任务 4.1　智能产线绘制信息物理系统的构成 ………………………………… 71
　　任务 4.2　机械臂数字孪生体验 ………………………………………………… 76
　　任务 4.3　配置工业物联网设备 ………………………………………………… 79
　　任务 4.4　用自然语言处理软件编写 ABB 机器人画图程序 ………………… 83
　　任务 4.5　机器视觉小程序编写 ………………………………………………… 85

项目 5　自动化生产线调试 ……………………………………………………… 89

　　任务 5.1　初识自动化生产线 …………………………………………………… 90
　　任务 5.2　自动化生产线之颗粒上料单元调试 ………………………………… 99

任务 5.3	自动化生产线之加盖拧盖单元调试	117
任务 5.4	自动化生产线之检测分拣单元调试	129
任务 5.5	自动化生产线之工业机器人搬运单元调试	146
任务 5.6	自动化生产线之智能仓储单元调试	204

参考文献 ·· 231

项目1 认识智能制造系统

项目导入

制造业是国民经济的主体,是立国之本、兴国之器、强国之基。制造是把原材料变成有用物品的过程,它包括产品设计、材料选择、加工生产、质量保证、管理和营销等一系列有内在联系的运作和活动。制造系统是一个相对的概念,小的如柔性制造单元(Flexible Manufacturing Cell,FMC)、柔性制造系统(Flexible Manufacturing System,FMS)、计算机/现代集成制造系统(Computer/Contemporary Integrated Manufacturing Systems,CIMS),大至一个车间、企业,乃至以某一企业为中心包括其供需链而形成的系统,都可称为"制造系统"。制造系统是人、设备、物料流/能量流/信息流/资金流、制造模式的一个组合体。

项目学习导航

学习目标	**知识目标:** 1. 了解制造系统的构成。 2. 了解智能制造的定义。 3. 熟悉智能制造系统的构成。 4. 了解我国智能制造体系框架。 **技能目标:** 1. 能说出智能制造系统的主要构成部分。 2. 能阐述智能制造的定义。 3. 能阐述某项智能制造技术在智能制造体系框架中的位置。 4. 能辨认智能制造设备及其功用。 **素养目标:** 1. 培养信息搜索、查询、归纳能力。 2. 培养团队合作精神。 3. 培养创新精神和严谨的治学态度
知识重点	我国智能制造的体系框架
知识难点	智能制造的定义
建议学时	4学时
实训任务	任务1.1 认识智能制造系统构成 任务1.2 理解智能制造发展意义

任务 1.1　认识智能制造系统构成

【任务描述】

通过学习，认识费斯托智能制造各生产单元组件、操作软件，从而熟悉智能制造系统构成。

【学前准备】

（1）费斯托智能制造单元学习资料。
（2）查阅资料，了解智能制造的历史、构成、定义、范式、发展方向。

【学习目标】

（1）了解制造系统的纵向构成和横向构成。
（2）熟悉智能制造的定义。
（3）了解智能制造的范式。
（4）明白智能制造与传统制造的区别。
（5）培养信息搜索、查询、归纳能力。
（6）培养团队合作精神。

预备知识

1. 制造系统的纵向构成

ISA-95[①]将工厂自动化生产纵向分为 5 个层级，称为工厂自动化生产金字塔，如图 1-1 所示。0 和 1 级对应现场层，或者上述的装备层。第 2 级对应车间层，第 3 级对应工厂层，第 4 级对应企业层。如上所述，工厂只是生产的一个环节，企业层面还需要多部门配合完成生产、销售和售后等。

2. 制造系统的横向构成

制造系统的横向构成即企业与外部的设计人员、供应商、销售以及其他企业之间，充分利用互联网或工业互联网技术，建立灵活有效、互惠互利的动态联盟，进行网络协同。

3. 智能制造的定义

中国工信部、财政部《智能制造发展规划（2016—2020 年）》中对智能制造定义为：智能制造是基于新一代信息通信技术与先进制造技术深度融合，贯穿于设计、生产、管理、服务等制造活动的各个环节，具有自感知、自学习、自决策、自执行、自适应等功能的新型

---

① the international standard for the integration of enterprise and control systems，该标准的开发过程是由 ANSI（美国国家标准协会）监督。

生产方式。智能制造是正在进行的一场工业革命,它的定义随着革命的深入将不断改变。

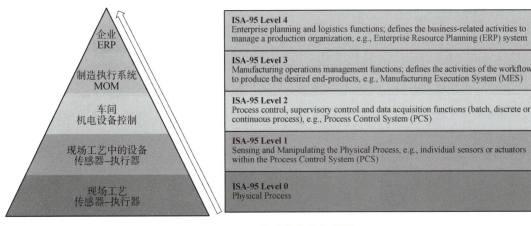

图 1-1 工厂自动化生产金字塔

4. 智能制造的范式

智能制造可概括为数字化、网络化和智能化三种范式。

(1) 数字化：可以说是量化,比如用具体温度值表达天气很热这个概念。数字化不仅便于人们理解,消除个体理解的差异,更重要的是信息数字化后机器才能识别、处理、储存、传输等。实现制造过程的数字化就是通过传感器或其他设备把物体属性,如汽车速度、环境温度、气缸压力等测量出来,形成数据。

(2) 网络化：将互联网工具用到制造业。它强调供需对接。实现网络化可以概括为三大集成,即横向集成、纵向集成和端到端集成。这三大集成也就是企业内部、企业之间和企业与客户之间的分享与协作。

(3) 智能化是真正意义的智能制造。将人工智能与先进制造融合,实现机器自动感知判断、自主生产,从而解决很多现有生产方式无法解决的问题。实现制造的智能化的途径包括在制造过程中将人工智能与互联网、云计算、大数据、物联网等融合运用。

5. 智能制造与传统制造的区别

智能制造使制造业实现了大规模个性化定制、远程运维、网络协同制造等新型生产方式,生产柔性化程度提高。我们所熟知的5G、云计算、物联网、智能机器人等都是智能制造技术的代表。表1-1所示为工业4.0智能制造与工业3.0制造的区别。

表 1-1 工业 4.0 智能制造与工业 3.0 制造的区别

分类	工业 3.0 制造	工业 4.0 智能制造
制造场景	流水线生产、集中控制,制造场景单一	单元式生产、分散控制,工作场景复杂
智能水平	无学习功能,智能水平低	自感知、自学习,智能水平高
决策依据	经验	数据
问题解决	根据经验检修,事后处理	自动预判可能存在的风险

任务实施

以 4~6 人为一队,根据表 1-2 对照找出产线上相应设备实物,查询资料,明确表中所列各制造单元的硬软件名称和作用。

表 1-2 生产线中设备列表

序号	图片	名称	作用
1		激光测距模块	将距离数字化
2		HMI	人机界面,用户与系统之间信息交互媒介
3		PLC	实现控制功能
4		气爪	气动执行元件,用于工件输出
5		1. 读写器 2. 带 RFID 工件	工件状态识别

续表

序号	图片	名称	作用
6	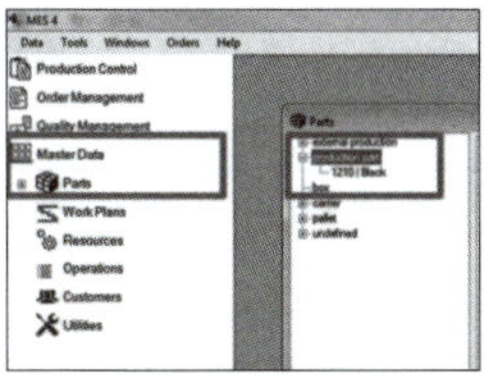	MES 系统	执行层生产信息管理
7		压力传感器	测管线内气压
8		光电编码器	定位回转角度
9		步进电动机控制器	能够准确地控制步进电动机转动角度
10		步进电动机	将电脉冲信号转换成相应角位移或线位移的电动机
11	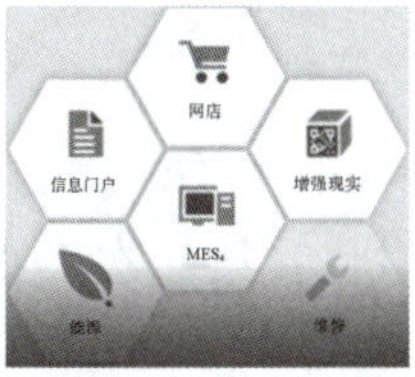	运营管理软件	管理运营、销售和生产等

任务评价

任务评价表如表 1-3 所示。

表 1-3 任务评价表

序号	考核要点	项目（配分：100 分）	教师评分
1	职业素养	信息搜索、查询、归纳能力（10 分）	
2	制造金字塔	熟知各层级包含内容（10 分）	
3	制造系统的横向构成	熟知横向构成包含内容（10 分）	
4	智能制造定义	熟知智能制造定义（10 分）	
5	智能制造范式	阐述智能制造各范式特点（10 分）	
6	智能制造与传统制造区别	熟知工业 4.0 智能制造与工业 3.0 制造的区别（10 分）	
7	智能制造产线设备认知	了解各传感器、RFID、控制器、执行机构、电机等设备（10 分）	
8	产线控制软件认知	了解产线使用的 MES 系统和三维仿真系统（10 分）	
9	设备的通信认知	了解各设备间的通信方式（10 分）	
10	运营管理软件认知	了解运营管理软件功用（10 分）	
		得分	

问题探究

（1）智能制造系统与传统制造系统有何不同？
（2）为何智能制造技术优点明显却不适用于所有企业？

任务 1.2 理解智能制造发展意义

【任务描述】

自 18 世纪中叶以来，人类历史上先后发生了三次工业革命，第一次工业革命以蒸汽机为标志，以机器代替手工劳动，开创了制造业的机械化时代；第二次工业革命以发电机取代蒸汽机，将电气元器件融入机械设备，使制造业进入电气化时代；第三次工业革命是随着计算机的应用和通信方式的改变，以数字信号代替了电气时代的模拟信号，使制造业迅速进入了数字化、信息化时代。当前制造业面临着全球化和可持续发展的压力，正酝酿着第四次工业革命的到来，即制造智能化和绿色化革命。

通过学习，理解智能制造在新阶段的意义及我国智能制造发展战略。

【学前准备】

（1）机电一体化综合实训设备相关学习资料；
（2）通过查阅资料，了解智能制造。

【学习目标】

（1）了解智能制造技术及其功能；
（2）熟悉智能制造系统的构成；
（3）了解我国智能制造体系框架。

预备知识

1. 智能制造技术

在当今的工业发展中，智能化的生产技术显得尤为重要。将智能化生产技术和自动化技术相结合，可以使计划方案更加完善。在实际使用中，当出现某些具有腐蚀性的介质超过一定时限时，智能制造技术平台就会自动报警。各有关部门可以根据实际情况进行信息共享，利用CAD/CAM技术进行数据的传递，并根据预警及时进行维护，通过与各子系统的集成，使其不断地提高智能化生产水平。智能生产包括：数字化制造、网络化制造、新一代智能化制造三大类，主要有智能产品、智能生产、智能系统等。通过对企业内部的横向、纵向集成，构建一个能够实现实时管理、优化产品生命周期的复杂生产网络，并对智能设备、智能生产进行数据采集、分析、挖掘，并支持智能决策。

2. 智能制造系统的五大功能

1）感知功能

即智能制造中心平台可以对传感器传输的数据进行收集、分析和整理，由此明确制造产品的状态和系统的状态。

2）决策功能

该功能是建立在感知功能基础之上的一种功能，有助于工作人员做出正确决策，明确行动方向。

3）控制功能

依托决策功能而存在，不仅能对决策功能制定出来的决策进行分析，从众多决策中选择最合适的一种用于进行产品的制造；还能对生产制造的全过程进行监督和保护。

4）通信功能

该功能的作用在于确保智能制造中心和子系统间的数据信息传输稳定性，可将数据第一时间传输给管理人员。

5）学习功能

智能控制中心的学习功能主要体现在两个方面：首先，在进行产品制造时，可将制造过程中产生的信息加以存储，并在数据积累一段时间后对自身的制造方案进行优化。其次，可以借助其他智能设备完成对知识的获取。

3. 智能制造系统

目前，智能制造系统结构大致如下：

（1）以强化制造系统智能化水平为首要目的，综合了应用机器人、智能体和全能体等技术手段的智能制造系统。

（2）可以利用互联网技术对企业进行建模，融合了诸如加工处理、测量验证等内容的智能制造系统。

（3）具有鲜明生物特点，能够借助生物学相关知识内容进行问题解决的生物型智能制造系统，如图1-2所示。

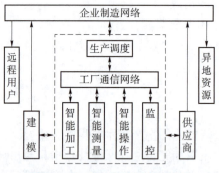

图1-2　智能制造系统体系结构

4. 中国制造2025

"中国制造2025"是我国政府应对全球新一轮科技革命和产业革命，提升制造业全球竞争力的一个重要举措，也是着眼于国际国内经济社会发展、产业变革大趋势所指定的一个长期战略性规划。

"中国制造2025"是以信息化与工业化深度融合为主线，以"创新驱动、质量为先、绿色发展、结构优化、以人为本"为发展仿真，完成要素驱动向创新驱动转变，低成本竞争优势向质量效益竞争优势转变，由资源消耗大、污染物排放多的粗放型制造向绿色制造转变，由生产型制造向服务型制造转变的四大转变任务，最终实现由制造大国迈向制造强国的宏伟目标。

针对我国国情和现实，"中国制造2025"采用三步走战略，以实现制造强国宏伟目标，如图1-3所示。第一步，到2025年基本实现现代化；第二步，到2035年成为名副其实的工业强国，综合指数达到世界制造强国阵营中的中等水平，创新能力大幅提升，又使行业形成全球创新引领能力，制造业整体竞争能力显著增强；第三步，到新中国成立一百年时进入世界强国第一方阵，建成全球领先的技术体系和产业体系，成为具有全球引领影响力的制造强国。其核心内容是加快推动新一代信息技术与制造技术融合发展，把智能制造作为两化深度融合的助攻方向，着力发展智能装备和智能产品，推进生产过程智能化，培育新型生产方式，全面提升企业研发、生产、管理和服务的智能化水平。

重点发展领域涵盖新一代信息技术产业、高档数控机床和机器人、航空航天装备、海洋工程装备及高新技术船舶、先进轨道交通装备、节能与新能源汽车、电力装备、农机装备、新材料及生物医药及高性能医疗器械十大领域。

图 1-3 "中国制造 2025"三步走战略

任务实施

以 4~6 人为一组，通过 SX-815Q-Ⅶ机电一体化实训设备，认知以下自动化生产单元及其功能，如表 1-4 所示。

表 1-4 机电一体化实训设备产品组成

主体配置		
名称 规格型号	产品图片	功能描述
颗粒上料单元 SX-815Q-47		上料输送皮带逐个将空瓶输送到主输送带；同时循环选料将料筒内的物料推出，对颗粒物料根据颜色进行分拣；当空瓶到达填装位后，顶瓶装置将空瓶固定，主皮带停止；上料填装模块将分拣到位的颗粒物料吸取放到空瓶内；瓶子内物料到达设定的颗粒数量后，顶瓶装置松开，主皮带启动，将瓶子输送到下一个工位。此单元可以设定多样化的填装方式，可从物料颜色（2 种）、颗粒数量（最多 4 粒）进行不同的组合，产生 8 种填装方式

续表

主体配置		
名称 规格型号	产品图片	功能描述
加盖拧盖单元 SX-815Q-26	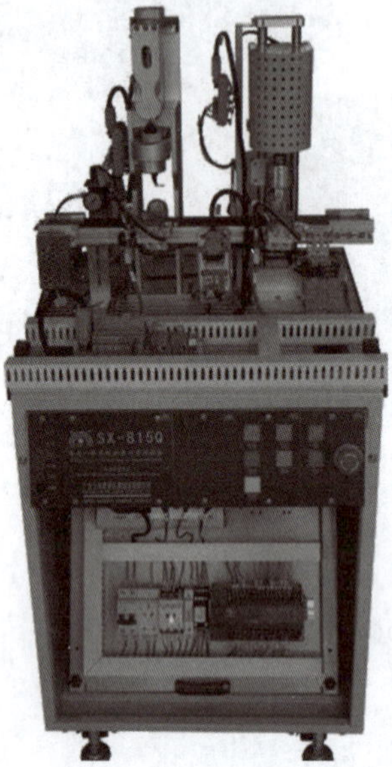	瓶子被输送到加盖模块下，加盖位顶瓶装置将瓶子固定，加盖机构启动加盖流程，将盖子（白色或蓝色）加到瓶子上；加上盖子的瓶子继续被送往拧盖机构，到拧盖模块下方，拧盖位顶瓶装置将瓶子固定，拧盖机构启动，将瓶盖拧紧
检测分拣单元 SX-815Q-27	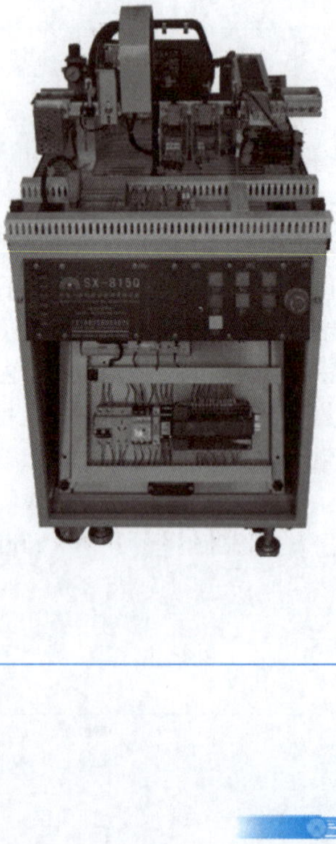	拧盖完成的瓶子经过此单元进行检测：回归反射传感器检测瓶盖是否拧紧；龙门机构检测瓶子内部颗粒是否符合要求；对拧盖与颗粒均合格的瓶子进行瓶盖颜色判别区分；拧盖或颗粒不合格的瓶子被分拣机构推送到废品皮带上（辅皮带）；拧盖与颗粒均合格的瓶子被输送到皮带末端，等待机器人搬运

续表

主体配置		
名称 规格型号	产品图片	功能描述
6轴机器人单元 SX-815Q-28	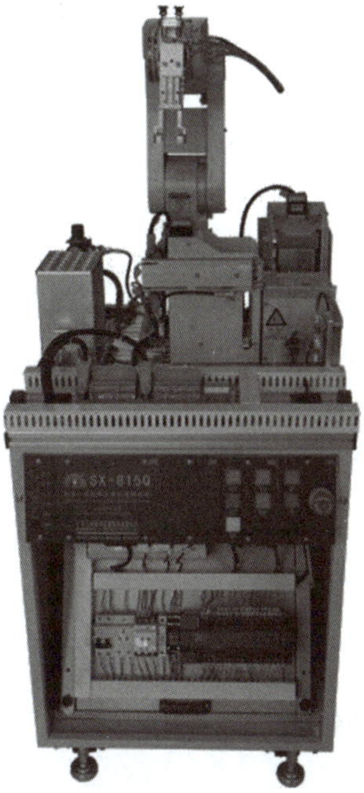	两个升降台模块存储包装盒和包装盒盖；A升降台将包装盒推向物料台上；6轴机器人将瓶子抓取放入物料台上的包装盒内；包装盒4个工位放满瓶子后，6轴机器人从B升降台上吸取盒盖，盖在包装盒上；6轴机器人根据瓶盖的颜色对盒盖上标签位进行分别贴标，贴完4个标签等待成品入仓、单元入库
成品入仓单元 SX-815Q-07	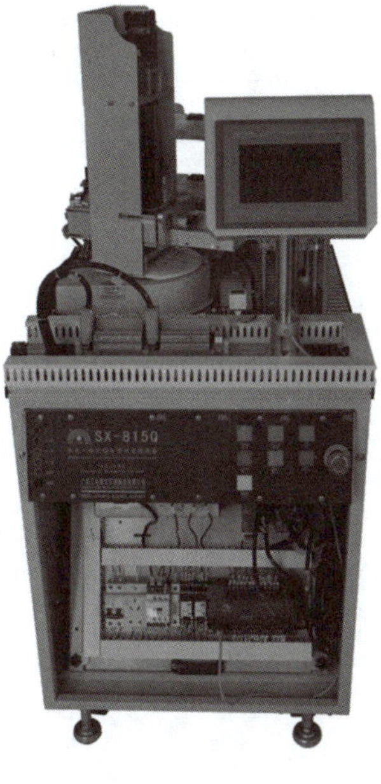	由一个弧形立体仓库和2轴伺服堆垛模块组成，堆垛机模块把机器人单元物料台上的包装盒体吸取出来，然后按要求依次放入仓储相应仓位。2×3的仓库每个仓位均安装一个检测传感器，堆垛机构水平轴为一个精密装盘机构，垂直机构为蜗轮丝杠升降机构，均由精密伺服电动机进行高精度控制

任务评价

任务评价表如表1-5所示。

表1-5 任务评价表

序号	考核要点	项目（配分：100分）	教师评分
1	职业素养	信息搜索、查询、归纳能力（10分）	
2	智能制造技术	熟知智能制造技术的定义（10分）	
3	智能制造系统功能	熟知智能制造系统的五大功能（10分）	
4	智能制造系统	熟知智能制造系统的体系结构（10分）	
5	中国制造2025提出背景	了解我国智能制造发展战略提出的背景（10分）	
6	中国制造2025战略内容	熟知中国制造2025的三步走战略及四大任务（10分）	
7	机电一体化实训平台设备认知	了解认知实训平台各功能模块（10分）	
8	智能工厂模拟装置技术应用认知	认知系统中应用的工业机器人技术、PLC控制技术、变频控制技术、伺服控制技术等（10分）	
9	设备的通信认知	了解各设备间的通信方式（10分）	
10	运营管理软件认知	了解运营管理软件功用（10分）	
		得分	

问题探究

（1）通过与传统制造技术的对比，阐述智能制造技术的优势。

（2）简述智能制造系统提出的背景。

（3）查阅资料，分析智能制造技术在某一重点领域的应用。

项目 2　工业电子与传感技术的应用

项目学习导航

学习目标	**知识目标：** 1. 了解单片机的概念、分类、特点及应用。 2. 了解自动识别技术的工作原理、组成部分、分类及特点。 3. 了解光电传感器的工作原理及分类。 **技能目标：** 1. 能利用 51 单片机完成简单控制程序的编写与调试。 2. 能理解自动识别技术在不停车收费及智能仓储管理等场景中的应用。 3. 能利用光电传感器测量物体转速。 **素养目标：** 1. 养成精益求精、开拓创新的探索精神。 2. 养成严谨细致的工作作风
知识重点	1. 单片机控制程序的调试。 2. 光电传感器测量转速的工作原理
知识难点	1. 单片机控制程序的调试。 2. 光电传感器测量转速实验台的搭建
建议学时	16 学时
实训任务	任务 2.1　嵌入式技术之认识 51 单片机 任务 2.2　自动识别技术之认识 RFID 任务 2.3　传感器技术之光电传感器的使用

项目导入

任务 2.1　嵌入式技术之认识 51 单片机

【任务描述】

单片机也称微控制器，是各种应用系统的控制核心，通过学习，了解 51 单片机的基本概念、单片机的发展、单片机的特点和应用等基础知识。

【学前准备】

（1）单片机实验平台学习资料。

（2）查阅资料，了解单片机的硬件组成、控制特点、发展历程以及在工业中的实际应用。

【学习目标】

（1）掌握单片机的基本控制知识。

（2）掌握单片机基本控制功能的实现方式。

（3）具有借助手册等工具书和设备铭牌、产品说明书、产品目录等资料，查阅电气设备及相关产品的有关数据、功能和使用方法的能力。

（4）掌握单片机控制电路的组装与调试。

（5）培养辩证思维能力。

（6）增强职业道德观念。

预备知识

1. 微型计算机及微型计算机系统

微型计算机（Micro Computer，MC），简称微机，是计算机的一个重要分支，通常既具有计算机所具备的快速、精确等特点，同时还具有体积小、质量轻、功耗低及价格便宜等突出优点，应用广泛，日常家用的个人计算机（Personal Computer，PC）就属于微型计算机。它是由硬件及软件两部分构成的，其中硬件是指构成微机系统的实体，如运算器、控制器、存储器、输入接口电路与输入设备，以及输出接口电路与输出设备等，软件是指微机系统使用的各种程序的总称。软件与硬件共同构成完整的微机系统，二者缺一不可。微型计算机系统组成如图 2-1 所示。

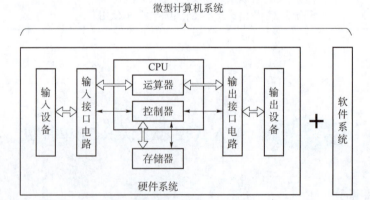

图 2-1　微型计算机系统组成

单片微型计算机，简称单片机（Single Chip Microcomputer，SCM），是微型计算机的一个重要分支，就是将 CPU、系统时钟、RAM、ROM、定时器/计数器和多种 I/O 接口电路集成在一块芯片上的微型计算机。单片机实质上是一个芯片，在工作中，单片机需要和适当的软件及外部设备结合形成单片机控制系统，如图 2-2 所示。

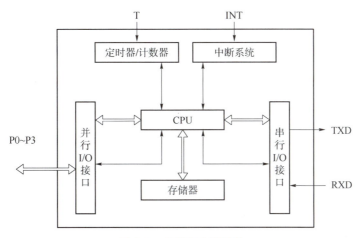

图 2-2　单片机内部结构

2. 单片机的特点

（1）体积小、质量轻、应用灵活，易于产品化。

（2）运行速度快，抗干扰能力强，可靠性好，适应温度范围宽。

（3）内部集成度高，控制功能强。

（4）可以实现多机和分布式控制。

3. 单片机的发展趋势与应用

单片机将向多功能、高性能、高速度、低电压、低功耗、低成本、外围电路内装化、片内存储器高容量和存储速度高速化方向发展。未来的单片机将发展为功能更强、集成度更高、可靠性更高及功耗更低，针对单一用途的专用单片机。

单片机应用范围很广，在工业自动化技术中的过程控制技术、数据采集技术及测控技术中，都应用了单片机进行控制；在智能仪器仪表的应用中，单片机的使用能够有助于提高仪器仪表的精度、简化结构、减小体积，未来在仪器仪表数字化、智能化、多功能化的发展趋势中，单片机将发挥更加重要的作用；在消费类电子产品如家电领域中，通过单片机的运用，有效提高了洗衣机、微波炉、电冰箱等的功能和性能，使其实现了智能化、最优化控制；在现代化的武器装备如战斗机、军舰、坦克、鱼雷、航天飞机导航系统中，都有单片机深入其中。除了上述领域外，单片机还在微波通信、载波通信、光纤通信及计算机网络终端设备如打印机、传真机、复印机等中实现控制功能。

任务实施

以 4~6 人为一队，在单片机实验平台中找到 51 单片机，并对单片机常用外围元器件（如电阻、二极管、发光二极管、按键、晶体管等）进行识别。

任务评价

任务评价表如表 2-1 所示。

表 2-1　任务评价表

序号	考核要点	项目（配分：100 分）	教师评分
1	职业素养	信息搜索、查询、归纳能力（10 分）	
2	单片机的硬件组成	熟知单片机的概念及其硬件组成（10 分）	
3	单片机的功能	熟知单片机的功能（10 分）	
4	单片机的特点	熟知单片机的特点（10 分）	
5	单片机的应用	清楚单片机在各领域中的应用（10 分）	
6	单片机的发展趋势	熟知单片机在未来的发展趋势（10 分）	
7	单片机的输入与输出	了解单片机的 I/O 接口（10 分）	
8	单片机常用外围元器件的识别	掌握单片机外围元器件的识别方法（10 分）	
9	现场管理	按企业要求进行现场管理（10 分）	
10	安全操作	安全用电遵守规章制度（10 分）	
		得分	

问题探究

（1）简述单片机的功能及特点。
（2）简述单片机的发展趋势。
（3）单片机主要用于哪些方面？

任务 2.2　自动识别技术之认识 RFID

【任务描述】

随着互联网、移动通信网、光纤通信网技术的飞速发展，物联网技术也随之得到了突飞猛进的发展。伴随着数字通信技术和大规模集成电路的广泛应用，实现了普通物理对象之间的互联互通，物联网通过智能感知、识别技术与普适计算、泛在网络的融合应用，被称为继计算机、互联网之后世界信息产业发展的第三次浪潮。

自动识别技术就是应用一定的识别装置，通过被识别物品和识别装置之间的接近活动，自动地获取被识别物品的相关信息，并提供给后台的计算机处理系统来完成相关后续处理的一种技术。射频识别技术（Radio Frequency Identification，RFID）兴起于20世纪90年代，通过磁场或电磁场，利用无线射频方式进行非接触双向通信，已达到识别目的并交换数据。

【学前准备】

查阅资料，了解物联网与自动识别技术的发展。

【学习目标】

（1）掌握自动识别技术的分类及特点。
（2）掌握RFID技术的特点及应用。
（3）了解RFID系统的组成及工作流程。
（4）了解自动识别技术未来的发展前景。

预备知识

1. 物联网及其体系结构

物联网是新一代信息技术的重要组成部分，其核心和基础是互联网，用户端延伸占到了在任何物品与物品之间进行信息交换和通信。信息时代，物联网无处不在，其应用于国民经济和人类社会生活的方方面面，如智能家居、智能医疗健康、智慧城市、智能环保、智能交通管理、智能农业、智能物流零售与智能校园等。

物联网系统有3个层次：一是感知层，即利用RFID、传感器和二维码等随时随地获取物体的信息；二是网络层，通过各种电信网络与互联网的融合，将物体的信息实时准确地传递出去；三是应用层，把从感知层得到的信息进行处理，实现智能化识别、定位、跟踪、监控和管理等实际应用。物联网技术体系结构如图2-3所示。

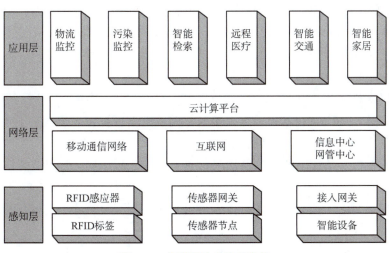

图2-3 物联网技术体系结构

1）感知层

感知层是物联网的"皮肤和五官",包括二维码标签和识读器、RFID 标签和读写器、摄像头、GPS、传感器、终端和传感器网络等,主要是识别物体、采集信息,与人体结构中皮肤和五官的作用相似。

2）网络层

网络层是物联网的"神经中枢"以及"大脑"信息传递和处理。网络层包括通信与互联网的融合网络、网络管理中心、信息中心和智能处理中心等。网络层将感知层获取的信息进行传递和处理,类似于人体结构中的神经中枢和大脑。

3）应用层

应用层是将物联网的"社会分工"与行业专业技术深度融合,与行业需求结合,实现行业智能化,类似于人的社会分工,最终构成人类社会。

2. 自动识别技术

自动识别(Automatic Identification,Auto-ID)是先将定义的识别信息编码按特定的标准实现代码化,并存储于相关的载体中,借助特殊的设备,实现定义编码信息的自动采集,并输入信息处理系统从而完成基于代码的识别。自动识别的方法有光学符号识别、智能 IC 卡识别、生物(指纹和语音)识别、条形码识别、射频识别等,目前应用较多的有条形码自动识别技术、二维码自动识别技术、生物识别技术、RFID 技术等。

1）条形码自动识别技术

条形码技术是集编码、印刷、识别、数据采集和处理于一身的新兴技术,将宽度不等的多个黑条和空白,按照一定的编码规则排列,用以表达一组信息的图形标识符,多用在商品流通、图书管理、邮政管理、银行系统等许多领域中。

2）二维码自动识别技术

二维码是用某种特定的几何图形按一定规律在平面(二维方向上)分布的黑白相间的记录数据符号的图形。二维码分为堆叠式和矩阵式,能够储存汉字、数字和图片等信息,应用较广,具有高密度编码,信息容量大;编码范围广;容错能力强,具有纠错功能;译码可靠性高;可引入加密措施;成本低、易制作、持久耐用,集条码符号形状、尺寸大小和比例可变等特点。

3）RFID 技术

与条形码相比,RFID 技术无须直接接触、无须光学可视、无须人工干预即可完成信息输入和处理,操作方便快捷。具有以下几个特点:

(1)快速扫描。条形码的扫描每次只能进行一个,而 RFID 读写器可同时读取数个 RFID 标签。

(2)体积小型化、形式多样化。RFID 在读取上不受尺寸大小与形状的限制,对纸张的固定尺寸和印刷品质无要求。

(3)抗污染能力和耐久性。传统条形码的载体是纸张,易受到污染和折损,而 RFID 对水、油和化学药品等物质具有很强的抵抗性,且 RFID 卷标是将数据存于芯片中,因此更可靠。

（4）可重复利用。条形码被印刷在物品上后无法更改，而 RFID 标签可以重复的新增、修改和删除卷标中存储的数据，实现信息的更新。

（5）穿透性和无屏障阅读。RFID 在被覆盖的情况下，能穿透纸张、木材和塑料等废金属或非透明材质进行通信。

（6）数据的记忆容量大。条形码最大的容量可存储数千字符，而 RFID 最大容量达到数兆字符。

（7）安全性。RFID 承载的是电子式信息，其数据内容可以经由密码实现数据保护。

RFID 最早应用于第二次世界大战中飞机的敌我目标识别，但当时仅仅是一种加密的 ID 号，而后随着晶体管、集成电路、微处理器和通信网络等技术的发展，RFID 技术首次应用于商场和超市中的电子防盗器，开启 RFID 技术的商业应用。21 世纪以来，RFID 技术在物流管理、集成指纹/虹膜等身份信息的验证领域、高价值资产管理、危险品跟踪和食品安全追溯等方面应用广泛。

3. RFID 系统的组成、工作流程及分类

对于不同领域的应用需求不同，造成了目前多种标准和协议的 RFID 设备共存的局面，这就使应用系统架构复杂程度大为提高，但就基本的 RFID 系统来说，其组成相对简单清晰，主要包括 RFID 标签、读写器、天线、中间件和应用软件 5 个部分。

1）RFID 标签

RFID 标签俗称电子标签，根据工作方式可分为主动式（有源）和被动式（无源）两种。被动式是 RFID 系统目前研究的重点，由标签芯片和标签天线或线圈组成，利用电感耦合或电磁反向散射耦合原理实现与读写器之间的通信。RFID 标签中存储一个唯一编码，通常为 64 bit、96 bit 甚至更高，其地址空间大大高于条形码所能提供的空间。因此可以实现单品级的物品编码。图 2-4 所示为一款 RFID 标签芯片的内部结构框图，主要包括射频前端、模拟前端、数字基带处理单元和 E^2PROM 存储单元 4 部分。

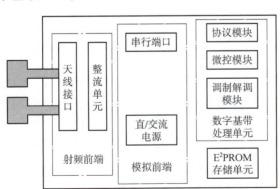

图 2-4 一款 RFID 标签芯片的内部结构框图

2）读写器

读写器又称为阅读器或询问器，是对 RFID 标签进行读/写操作的设备，主要包括射频模块和数字处理单元两部分。一方面，RFID 标签返回的微弱电磁信号通过天线进入读写器的射频模块并转换为数字信号，再经过读写器的数字信号处理单元对其进行必要的加工

整形，最后从中解调并返回信息，完成对 RFID 标签的识别或读/写操作；另一方面，上层中间件及应用软件与读写器进行交互，实现操作指令的执行和数据汇总上传，在上传数据时，读写器会对 RFID 标签数据进行去重过滤或简单的条件过滤，因此在很多读写器中还集成了微处理器和嵌入式系统，实现一部分中间件的功能，如信号状态控制、奇偶位错误校验与修正等。未来读写器呈现出智能化、小型化和集成化的趋势。在物联网系统中，读写器将成为同时具有通信、控制盒、计算功能的核心设备。

3）天线

天线是 RFID 标签与读写器之间实现射频信号空间传播和建立无线通信连接的设备。RFID 系统包括两类天线，一类是 RFID 标签上的天线，与 RFID 标签集成为一体；另一类是读写器天线，既可以内置于读写器中，又可以通过同轴电缆与读写器的射频输出端口相连。在实际应用中，天线设计参数是影响 RFID 系统识别范围的主要因素。对高性能的天线，不仅要求其具有良好的阻抗匹配特性，而且需要根据应用环境的特点对其方向特性、极化特性和频率特性进行专门设计。

4）中间件

中间件是一种面向消息的、可以接收应用软件端发送的请求，对指定的一个或多个读写器发起操作并接收、处理后向应用软件返回结果数据的特殊化软件。中间件在 RFID 应用中除了可以屏蔽底层硬件带来的多种业务场景、硬件接口、使用标准造成的可靠性和稳定性问题，还可以为上层应用软件提供多层次、分布式、异构的信息环境下业务信息和管理信息的协同。

5）应用软件

应用软件是直接面向最终用户的人机交互界面，协助使用者完成对读写器的指令操作以及对中间件的逻辑设置，逐级将 RFID 原始数据转化为使用者可以理解的业务时间，并使用可视化界面进行展示。

RFID 系统工作流程如图 2-5 所示，读者希望获得经过某个位置的 RFID 标签列表，即在应用软件端向与该位置相关的逻辑读写器 ID 发出读取 RFID 标签指令。该指令传送到中间件后，将逻辑读写器 ID 转换为映射表中的物理读写器 ID，并按照该物理读写器的通信协议向其发出指令。读写器接收到该指令后，通过天线散射一定频率的射频信号，当 RFID 标签获得能量被激活，处于激活状态的 RFID 标签将返回应答信号。天线接收到从 RFID 标签发送来的载波信号后传送到读写器，读写器进行解调和过滤后将 RFID 标签 ID 信息返回给中间件。中间件首先将来自不同物理读写器的信息格式进行统一，然后存入内存数据库中，并根据预先设定的过滤规则将读写器事件转化为满足用户请求的信息，发送给应用软件端，并将 RFID 标签列表展现给使用者。

RFID 技术分类方式较多，根据使用频率可以分为低频、高频、超高频、微波；根据交互原理进行分类可以分为电感耦合、电磁反向散射耦合、声表面波、有机 RFID 标签技术；根据 RFID 产品供电方式可分为无源 RFID 产品、有源 RFID 产品和半有源 RFID 产品。

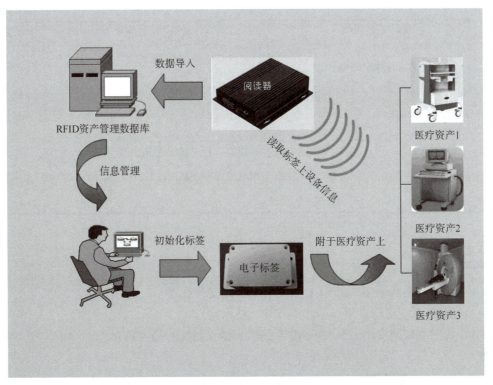

图 2-5　RFID 系统工作流程

任务实施

以 4~6 人为一组，通过本节内容学习，上网查阅相关资料，组件基于 RFID 的智能仓储系统。

任务评价

任务评价表如表 2-2 所示。

表 2-2　任务评价表

序号	考核要点	项目（配分：100 分）	教师评分
1	职业素养	信息搜索、查询、归纳能力（10 分）	
2	物联网的概念及应用	熟知物联网的概念及其体系结构（10 分）	
3	自动识别技术	熟知自动识别技术的工作原理及其分类（10 分）	
4	自动识别技术特点	熟知自动识别技术的特点（10 分）	
5	RFID 技术	熟知 RFID 技术的工作原理及其应用（10 分）	
6	RFID 系统组成及工作流程	清楚 RFID 系统组成与工作流程（10 分）	

续表

序号	考核要点	项目（配分：100分）	教师评分
7	RFID 技术未来发展趋势	了解 RFID 技术未来的发展趋势与应用（10分）	
8	RFID 技术应用	能够基于 RFID 技术建立智能仓储管理系统（10分）	
9	现场管理	按企业要求进行现场管理（10分）	
10	安全操作	安全用电遵守规章制度（10分）	
		得分	

问题探究

（1）在物联网系统中，RFID 技术主要的作用是什么？

（2）RFID 系统工作在不同的频率有什么技术特点？

（3）我国物联网发展前景和 RFID 系统发展的关键突破点在哪里？

任务 2.3　传感器技术之光电传感器的使用

【任务描述】

光电传感器是用光电元件作为检测元件实现光信号到电信号转换的一种器件，其工作原理框图如图 2-6 所示。光电传感器的信息采集和检测均采用光源进行，无须进行机械接触检测，与其他传感器相比具有响应速度快、灵敏度和分辨率高、信息容量大，能对微弱信号进行采集检测，并实现对待检目标的多方位检测等优点，故光电传感器是科技时代非常重要的一项技术。随着科学技术的飞速发展，其应用领域极其广泛，如国防领域的光电探测仪、航空航天的光电检测仪、工业生产领域对生产过程进行自动检测和控制以及对产品进行无损检测都需要用到光电传感器，还有医疗检测、光电烟雾报警器等，日常生活中的光电扫描仪、光电安检门等都离不开光电传感器。

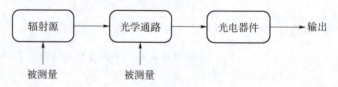

图 2-6　光电式传感器原理框图

【学前准备】

（1）传感器系统实验指导书；
（2）查阅资料，了解传感器的基础知识。

【学习目标】

（1）了解光电传感器的工作原理；
（2）掌握光电器件的结构、工作原理、特性及主要参数；
（3）掌握光电器件的应用；
（4）掌握CCD图像传感器的结构及工作原理；
（5）能够实现光电开关制作。

预备知识

1. 光电传感器的工作原理

光电传感器的工作原理是物理学家爱因斯坦发现的光电效应现象。当某些物质接受光照射后，其电子会吸收光子的能量而逸出产生电现象。光电传感器就是基于此原理完成电信号的转换。光电效应有两种，一种是外光电效应，另一种是内光电效应。

1）外光电效应

在光纤照射下，物体内的电子逸出物体表面向外发射的现象称为外光电效应，向外发射的电子叫作光子，光子是具有能量的基本粒子。光照射物体时，可以看成具有一定能量的光子束轰击这些物体。每个光子具有的能量可由下式确定：

$$E = hv$$

式中，$h = 6.626 \times 10^{-34} J \cdot s$ 为普朗克常数；v 为光的频率。

根据爱因斯坦假设：一个光子的能量只能给一个电子，要使电子逸出物体表面，需对其做功以克服对电子的约束。设电子质量为 m，电子逸出物体表面时的速度为 v，一个光子逸出物体表面时具有的初始动能为 $mv^2/2$。根据能量守恒定律，光子能量与电子的动能有如下关系：

$$E = hv = \frac{1}{2}mv^2 + A_0$$

式中，A_0 为电子的逸出功。

如果光子的能量是大于电子的逸出功 A_0，超出的能量部分则表现为电子逸出的动能。电子逸出物体表面时产生光电子发射，并且光的波长越短，频率越高，能量越大。电子能否逸出物体表面产生光电效应，取决于光子的能量是否大于该物体表面的电子逸出功。

不同的物质具有不同的逸出功，这表示每一种物质都有一个对应的光频阈值，称为红限频率或长波限。光线频率如果低于红限频率，其能量不足以使电子逸出，光强再大也不会产生光子发射；反之，入射光频率如果高于红限频率，即使光线很微弱也会有光子射出。当入射光的频谱成分不变时,产生的光电流与光强成正比,光强越强,入射光子的数目越多,逸出的电子数目也就越多。由于电子逸出物体表面具有初始动能,因此光电管在不加阳极电压时也会有光电流产生,为使光电流为零,必须给器件加反向的或负的截止电压。光电管、光电倍增管等就是基于这种原理制成的。

2)内光电效应

光在半导体中传播时具有衰减现象,即产生光吸收。理想半导体在绝对温度时,价带完全被电子占满,价带的电子不能被激发到更高的能级,电子能级示意图如图2-7所示。当一定波长的光照射到半导体时,电子吸收足够能量的光子,从价带跃迁到导带形成电子-空穴对。当光线照在物体上,使物体的电导率发生变化或产生光生电动势的现象叫作内光电效应,内光电效应又分为光电导效应和光生伏特效应。光敏电阻、光敏半导体器件、硅光电池等就是基于这种原理制成的。

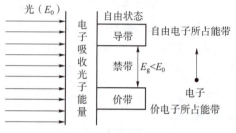

图2-7 电子能级示意图

这两种光电效应的主要区别在于,外光电效应的感应材料中的电子接收到来自粒子流的光子能量,当这份能量超过阈值能量,大于逸出功时,电子把一部分能量用于挣脱正离子的束缚逸出到光电材料表面的外部空间,另一部分能量则转化为自身的能量。不同光电材料有不同的逸出功。而光子流的能量和入射光的频率有关,因此外光电效应对入射光的频率有一定的要求。

2. 光电器件

光电器件工作原理主要基于外光电效应、光电导效应和光生伏特效应。基于光电效应可以制成各种光电器件,即光电式传感器。

1)光电管

光电管有真空光电管和充气光电管两类,两者结构相似,它们由一个涂有光电材料的阴极K和一个阳极A封装在玻璃壳内,如图2-8所示。当入射光照射在阴极上时,阴极就会发射电子,由于阳极的电位高于阴极,在电场力的作用下,阳极便收集到由阴极发射出来的电子,在光电管组成的回路中形成了光电流I_Φ,并在负载电阻R_L上输出电压U_o。在入射光的频谱成分和光电管电压不变的条件下,输出电压U_o与入射光通量成正比。

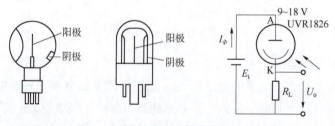

图2-8 光电管结构

2)光电倍增管

光电倍增管能把微弱的光输入转换成电子,并使电子获得倍增的电真空器件。它有放大电流的作用,灵敏度非常高、信噪比大、线性好,多用于微光测量。光电倍增管由两个主要部分构成：阴极室和若干光电倍增极组成的二次发射倍增系统，其结构示意图如图 2-9 所示。从图 2-9 中可以看出光电倍增管也有一个阴极 K、一个阳极 A 。与光电管不同的是，在它的阴极与阳极之间设置了许多二次倍增极 D_1、D_2、…、D_n，它们又称为第一倍增极，第二倍增极，…，第 n 倍增极，相邻电极之间通常加上 100 V 左右的电压，其电位逐级提高，阴极电位最低，阳极电位最高，两者之差一般在 600~1 200 V。当微光照射阴极 K 时，从阴极 K 上逸出的电子在 D_1 的作用下，以高速向倍增极 D_1 射去，产生二次发射，于是更多的二次发射的电子又在 D_2 的电场作用下，射向第二倍增极，激发更多的二次发射电子，如此下去，一个电子将激发更多的二次发射电子，最后被阳极所收集。若每级的二次发射倍增率为 δ，共有 n 级（通常 9~11 级），则光电倍增管阳极得到的光电流比普通光电管大 δ^n 倍，因此光电倍增管的灵敏度极高。但光电倍增管是玻璃真空器件，体积大、易碎，工作电压高达上千伏，已逐渐被半导体光敏元件取代。

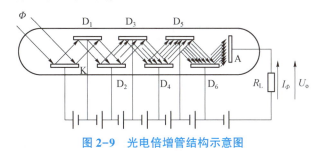

图 2-9 光电倍增管结构示意图

3）光敏电阻

光敏电阻又称为光导管，是一种均质半导体光电元件。光敏电阻的结构很简单，在半导体光敏材料的两端装上电极引线，将其封装在带透明窗的管壳内就构成光敏电阻，如图 2-10（a）所示。为了增加灵敏度，常将两电极做成梳状，如图 2-10（b）所示。光敏电阻的工作原理是基于光电导效应。无光照时，光敏电阻具有很高的阻值，在有光照时，当光子的能量大于材料禁带宽度，价带中的电子吸收光子能量后跃迁到导带，激发出可以导电的电子-空穴对，使电阻降低。光线越强，激发出的电子-空穴对越多，电阻值越低；光照停止后，自由电子与空穴复合，导电性能下降，电阻恢复原值。制作光敏电阻的材料常用硫化镉、硒化镉、硫化铅、硒化铅和锑化铟等。为了避免外来干扰，光敏电阻外壳的入射孔用一种能透过所要求光谱范围的透明材料来作为保护窗，有时用专门的滤光片作为保护窗。为了避免灵敏度受潮湿影响，故将电导体严密封装在壳体内。

图 2-10 光敏电阻

(a) 原理图；(b) 光敏电阻；(c) 图形符号

4) 光电池

光电池是一种利用光生伏特效应把光直接转换成电能的半导体光电器件。光电池在有光线作用时其实质就是电源,电路中有了这种器件就不需要外加电源。由于光电池广泛用于把太阳能直接变成电能,因此又称为太阳能电池。通常,把光电池的半导体材料的名称放在光电池名称之前以示区别,例如硒光电池、硅光电池、锗光电池等。图 2-11 所示为光电池结构与图形符号。通常是在 N 型衬底上渗入 P 型杂质形成一个大面积的 PN 结,作为光照敏感面。当入射光子的能量足够大,即光子能量 hv 大于硅的禁带宽度时,P 型区每吸收一个光子就产生一堆光生电子-空穴对,光生电子-空穴对的浓度从表面向内部迅速下降,形成由表及里扩散的自然趋势。由于 PN 结内电场的方向是由 N 区指向 P 区,它使扩散到 PN 结附近的电子-空穴对分离,光生电子被推向 N 区,光生空穴被留在 P 区,从而使 N 区带负电,P 区带正电,形成光生电动势。若用导线连接 P 区和 N 区,电路中就有电流流过。

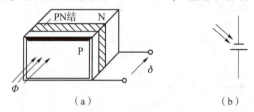

图 2-11　光电池结构与图形符号
(a) 结构;(b) 图形符号

3. 图像传感器

图像传感器是指在同一半导体衬底上布设的若干光敏单元与移位寄存器构成的集成化、功能化的光电器件。光敏单元简称为"像素"或"像点",它们本身在空间上、电气上是彼此独立的。利用光敏单元的光电转换功能将投射到光敏单元上的光学图像转换成电信号"图像",即将光强的空间分布转换为与光强成比例的、大小不等的电荷包空间分布,然后利用移位寄存器的移位功能将这些电荷包在时钟脉冲控制下实现读取与输出,形成一系列幅值不等的时序脉冲序列。图像传感器具有体积小、质量轻、功耗低和可低电压驱动等优点。目前广泛应用于电视、图像处理、测量、自动控制和机器人等领域。

CCD(Charge Coupled Device)图像传感器又称电荷耦合器件,具有光电转换、信息存储、延时和将信号按顺序传送等功能,并且集成度高、功耗低,广泛应用于科学、教育、医学、商业、工业、军事等领域,是图像采集及数字化处理必不可少的关键器件。其结构如图 2-12 所示。

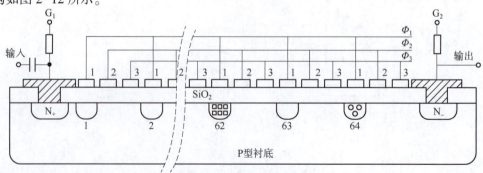

图 2-12　CCD 图像传感器的结构

任务实施

3~4 人一组，按照图 2-13 所示原理图及步骤，实现光电开关电路的制作。

（1）根据电路选择合适的元器件。

（2）制作电路板并焊接电路，也可用万能板搭建。

（3）调试电路。

电路制作完成后，调节给 VD_1 的光线，看被控电器是否按设计要求工作；并适当调节 R_{P1}，改变电路的起控点，以便达到控制的要求。

注意：光电二极管作为控制器的感光部分，因此安装时要能顺利感受到光照的变化，并要防止干扰而产生误动作，如树叶或其他物体的遮挡而导致传感器感受不到光的变化。

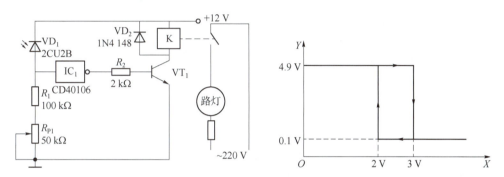

图 2-13　路灯控制电器原理图

任务评价

任务评价表如表 2-3 所示。

表 2-3　任务评价表

序号	考核要点	项目（配分：100 分）	教师评分
1	职业素养	信息搜索、查询、归纳能力（10 分）	
2	光电传感器的工作原理	熟知光电传感器工作原理（10 分）	
3	光电效应	熟知光电效应及其分类（10 分）	
4	外光电效应及主要元器件	熟知外光电效应工作原理及主要光电器件的结构与工作原理（10 分）	
5	内光电效应及其主要元器件	熟知内光电效应工作原理及主要光电器件基本特性（10 分）	
6	单片机的应用	清楚光电传感器的主要应用及工作原理（10 分）	
7	图像传感器	了解图像传感器的工作原理、结构及应用（10 分）	

续表

序号	考核要点	项目（配分：100分）	教师评分
8	光电开关电路的制作	掌握光电开关电路的制作调试过程（10分）	
9	现场管理	按企业要求进行现场管理（10分）	
10	安全操作	安全用电遵守规章制度（10分）	
		得分	

问题探究

（1）什么是光电效应？什么是外光电效应？什么是内光电效应？

（2）简述光电池的工作原理。

（3）试述光电二极管的工作原理。

（4）CCD图像传感器是如何分类的？

项目 3　先进制造设备的应用

项目学习导航

学习目标	**知识目标：** 1. 了解数控机床编程方式及仿真操作。 2. 了解三维模型设计软件和增材制造 3D 打印技术以及掌握 3D 打印的操作过程。 3. 学会 ABB 机器人的日常维护方式以及掌握编程指令。 4. 学会西门子 TIA Portal V17 编程指令以及掌握梯形图的编程方式。 5. 了解 HUIBO 的智能 AGV 小车手动和自动操作方法，以及如何进行工作空间信息采集。 **技能目标：** 1. 能在宇龙数控加工仿真软件中进行数控车床对刀操作以及程序的编写。 2. 能根据不同打印零件要求在软件及设备中进行打印模型参数设置。 3. 能掌握 ABB 机器人日常维护操作方式，能编写程序，并实现程序自动运行。 4. 能采用西门子 TIA Portal V17 进行设备组态，掌握梯形图的编写并调试。 5. 能进行手动控制 AGV 小车移动，以及简单地建立 AGV 小车移动空间图。 **素养目标：** 1. 养成严谨认真的工作精神。 2. 养成精益求精的工匠精神
知识重点	1. 程序的编写及调试。 2. 相应的软件操作
知识难点	1. 程序的编写及调试。 2. 相应的仿真软件的使用
建议学时	18 学时
实训任务	任务 3.1　数控机床车削加工编程 任务 3.2　增材制造 3D 打印技术应用 任务 3.3　ABB 工业机器人的日常维护 任务 3.4　工业机器人绘图程序编写 任务 3.5　智能控制之 PLC 简易交通灯控制 任务 3.6　无人搬运工具——激光导航 AGV 小车

项目导入

先进制造设备可以提高产品质量水平和加工效率，尤其是危险加工环境或操作过程烦琐等场合，使用数控机床设备、3D 打印设备、工业机器人、PLC 可编程逻辑控制器以及 AGV 小车等自动化设备，来替代人工完成相应的操作，同时在批量加工或搬运等过程中，采用人工操作易导致精度不高、加工效率低，因此先进制造设备应用是制造业制造中至关重要的一环。

本项目通过 FANUC 0i 系统数控车床、3DPP-P10 打印机、ABB 工业机器人、S7-1200 系列中的 1215C DC/DC/DC 型号以及 HUIBO 的智能 AGV 小车等工作任务，使之掌握相关的先进制造设备操作技术。

任务 3.1 数控机床车削加工编程

【任务描述】

使用 FANUC 0i Mate-TC 数控车床（前置式刀架）车削指令编写零件车削程序，将毛坯直径为 120 mm 的棒料加工为长 130 mm 的阶梯轴，其结构和尺寸如图 3-1 所示。

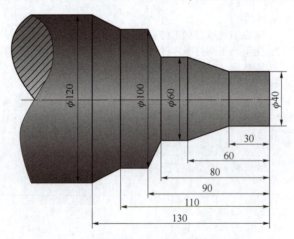

图 3-1　阶梯轴加工件的结构和尺寸

【学前准备】

(1) FANUC 0i 系统数控机床操作说明书。
(2) 了解 FANUC 0i 系统数控机床安全操作事项。
(3) 确保 FANUC 0i 系统数控机床能自动完成车削加工过程。

【学习目标】

(1) 可复述零件车削过程及各种零件车削方式。

(2) 学会 FANUC 0i 系统数控机床的车削指令应用。

预备知识

1. 数控车床

数控车床又称为 CNC 车床，是集电气、气动、液压、机械等多项技术为一体的机电一体化设备，在制造业中自动化设备里具有高加工效率、高加工精度和高柔性化等优点。该类自动化设备是按照操作者设置的加工工艺、切削参数、工艺参数等，以及结合机床规定程序格式和指令编制的加工程序，自动完成被加工零件的加工。目前，数控车床主要由主轴箱、床身、数控装置、刀架系统、尾座以及液压系统等部分组成，其主要用于轴类零件或盘类零件的内外圆柱面、任意锥角的内外圆锥面、复杂回转内外曲面和圆柱、圆锥螺纹等切削加工，并能进行切槽、钻孔、扩孔、铰孔及镗孔等。而我国数控机床上采用最多的数控系统是 FANUC 0i 系统，该系统具有可靠性高、控制单元体积小、功能指令丰富，有利于程序编写、操作信息显示功能和诊断功能等优点，便于机床操作者的使用和后期的维护维修。

2. 内外圆复合固定循环指令 G71

针对表面形状切削复杂、切削余量大等零件加工，采用单一固定循环指令 G90，存在程序冗长、程序编写费时费力、易出错等问题，故这种情况下的零件加工可以采用复合固定循环指令。复合固定循环指令是将多次重复运动的动作用一个程序段来表示，在程序段中只需要指出重复切削次数和刀具最终移动轨迹即可，便能自动重复切削，直至加工完成。

1) G71 指令格式

G71 U（Δd） R（e）；

G71 P（ns） Q（nf） U（Δu） W（Δw） F_S_T；

N（ns）…；

…

N（nf）…；

其中，Δd——每次切削深度（半径值给定），无符号，模态值；

e——退刀量（半径值给定），无符号，模态值；

ns——精加工程序开始程序段的顺序号；

nf——精加工程序结束程序段的顺序号；

Δu——X 方向精加工余量方向和大小（以直径值表示）；

Δw——Z 方向精加工余量方向和大小；

F、S、T——加工过程中的走刀速度、主轴转速及刀具信息。

2) 指令的运动轨迹

复合固定循环的运动轨迹如图 3-2 所示，图中 A 点和 C 点分别为刀具循环运行的起始点和退刀点，图中 $\Delta u/2$ 和 Δw 分别表示 X、Z 方向的加工余量，也确定退刀量 e 值。

智能制造技术

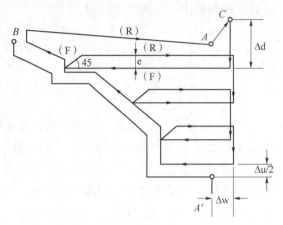

图 3-2 复合固定循环的运动轨迹

任务实施

使用宇龙数控加工仿真软件建立 FANUC 0i 系统数控机床加工阶梯轴程序 O0001，编写车削程序，实现将毛坯直径为 120 mm 的棒料加工为长 130 mm 的阶梯轴。

步骤 1：机床对刀设置，如表 3-1 所示。

表 3-1 机床对刀设置

操作步骤	操作说明	示意图
1	在菜单栏"零件"栏中单击"定义毛坯"，设置毛坯件的尺寸，并在"零件"栏中选择放置零件，将其安装在夹爪上	

续表

操作步骤	操作说明	示意图
2	在菜单栏"机床"栏中单击"刀具选择",对刀时需要注意退刀只能在 X 方向进行移动,而不能在 Z 方向进行移动,以保证车刀的刀尖与加工工件的原点它们的机床坐标系的 Z 轴坐标值相等	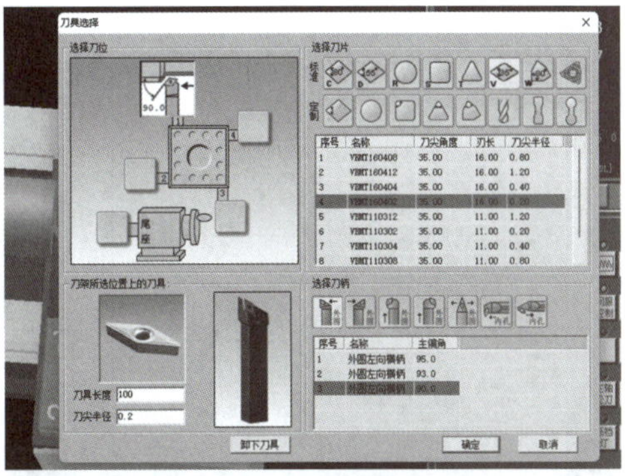 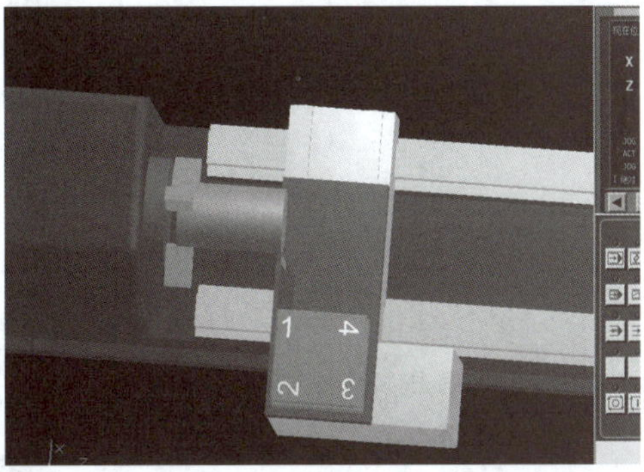
3	单击■按钮,进入工具补正/磨耗表,导入刀具的 Z 轴坐标值, X 轴方向的坐标获取是通过在"测量"栏中单击剖面图测量里面查看尺寸值,最终经过内部计算可以得到工具的 X 轴方向的原点坐标	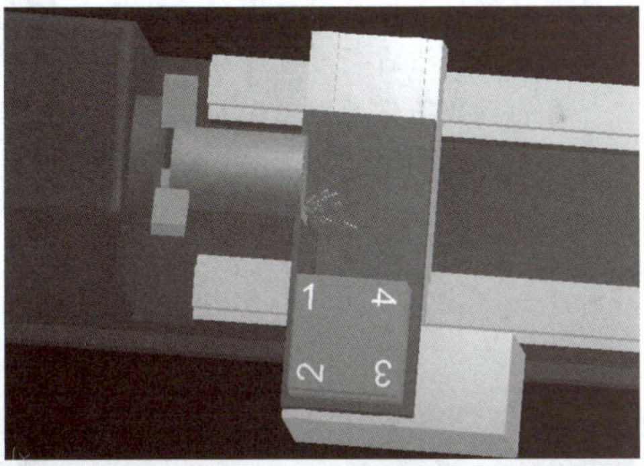 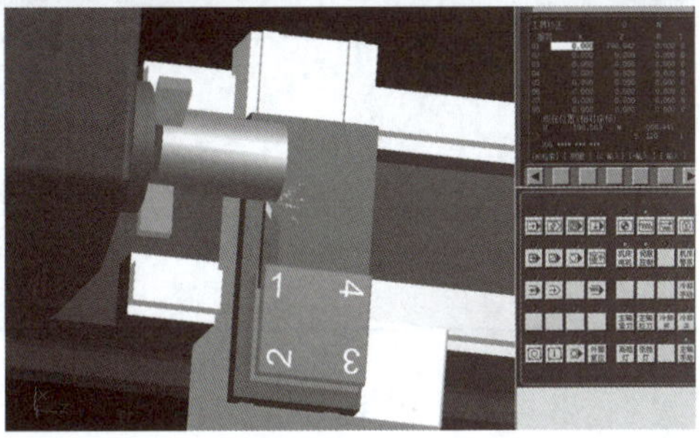

续表

操作步骤	操作说明	示意图
3		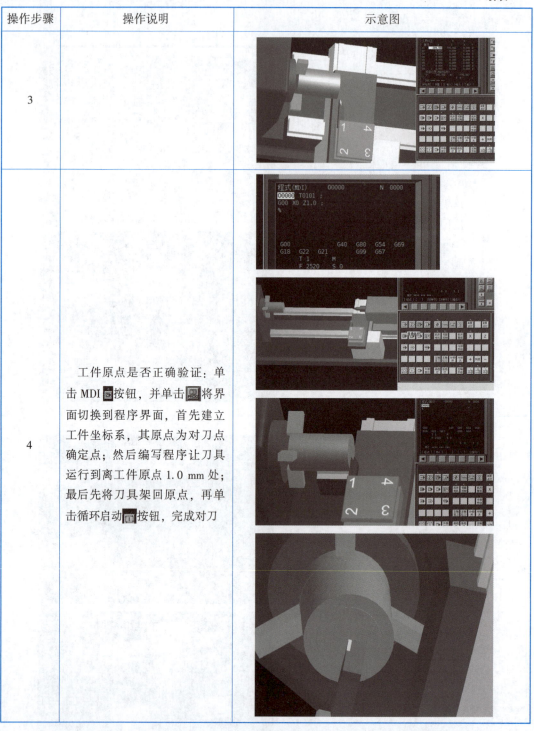
4	工件原点是否正确验证：单击 MDI 按钮，并单击 将界面切换到程序界面，首先建立工件坐标系，其原点为对刀点确定点；然后编写程序让刀具运行到离工件原点 1.0 mm 处；最后先将刀具架回原点，再单击循环启动 按钮，完成对刀	

步骤 2：数控加工程序。

完成加工件安装及对刀操作后，选取加工复合固定循环指令，完成阶梯轴的零件加工，可参考如下程序。

程序名：O0001

O0001；	程序号
T0101；	换1号刀，并调用1号刀具补偿值，建立工件坐标系
M03 S600；	表示主轴正转转速为600 r/min
G99 G00 X122.0 Z2.0；	快速定位到粗车循序起点
G71 U3.0 R1.0；	指定粗车循环的退刀量和背吃刀量
G71 P10 Q20 U0.3 W0.1 F0.3；	指定循环开始、结束段，粗车进给量和精车余量
N10 G00 X40；	采用G00进刀
G01 Z-30 F0.1 S1200；	精加工轨迹，指定精车进给量0.1 mm/r，主轴转速为1 200 r/min
X60 Z-60；	
Z-80；	
X100 Z-90；	
Z-110；	
X120 Z-130；	
N20 X125；	
G00 X150 Z150；	退刀至安全点
T020；	
M03 S1000；	
G00 X122 Z2；	
G70 P10 Q20；	
G00 Z150 Z150；	
M30；	

任务评价

对于FANUC 0i系统数控机床进行阶梯轴加工的过程评分，如表3-2所示。

表3-2 任务评价表

序号	考核要点	项目（配分：100分）	教师评分
1	职业素养	着装规范，正确佩戴安全帽及劳保鞋（4分）	
		操作过程规范，爱护使用工具（2分）	
		工位整洁，所有物品摆放规范、合理（4分）	
2	阶梯轴车削加工	零件安装及对刀操作正确（20分）	
		车削程序编写完整（30分）	
		运行车削程序能实现阶梯轴加工工作（40分）	
		得分	

问题探究

（1）G90 与 G71 编写该类零件的加工程序之间的区别是什么？

（2）G71 指令编程要点有哪些？

（3）如图 3-3 所示的圆弧阶梯轴零件，已知材料为 45 钢，毛坯尺寸为 35 mm×150 mm。请编写零件的数控加工程序，并使用宇龙数控加工仿真软件进行仿真加工。

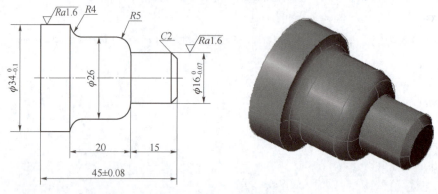

图 3-3 圆弧阶梯轴零件

任务 3.2　增材制造 3D 打印技术应用

【任务描述】

通过学习，了解增材制造 3D 打印和熔融沉积快速成型技术（FDM），掌握 3D 打印操作步骤。

【学前准备】

（1）准备 3DPP-P10 打印机说明书。

（2）了解 3DPP-P10 打印机安全操作事项。

（3）确保 3DPP-P10 打印机能自动完成加工过程。

【学习目标】

（1）可复述 3D 打印的操作过程及操作注意事项。

（2）学会 Creality 3D 软件的操作方式。

> 预备知识

1. 增材制造 3D 打印概述

3D 打印技术是指基于三维 CAD 设计数据，并结合电脑控制将 3D 打印机内部装有的粉末或液体等"打印材料"进行逐层累加的方式制造出三维物理实体模型的技术，又称增材制造技术。

3D 打印技术已超了 30 多年的发展历程，最早是 1986 年美国科学家 Charles Hull 开发了世界第一台商业版 3D 印刷机，到 1995 年美国 ZCorp 公司从麻省理工学院获取了唯一授权并开始研发 3D 打印机，从此引领人类进入 3D 打印时代。在 2005 年市场上出现了首个高清晰彩色 3D 打印机 Spectrum，到 2013 年 11 月美国得克萨斯州首府奥斯汀的 3D 打印公司利用"固体概念"制造出 3D 打印金属手枪并成功试射（图 3-4），其问世改变了人们对 3D 打印产品精确或强度不够的问题，但也再次引发了关于这项技术安全问题的深思。

目前 3D 打印技术主要采用堆积和离散原理，其任何产品都由等厚度的二维平面轮廓沿某坐标方向堆叠而成。3D 打印技术的加工过程是：先采用 CAD 技术绘制出加

图 3-4　世界首支 3D 打印金属手枪

工件的三维 CAD 模型，并对表面进行三角化处理，再保存为 STL 文件格式；然后根据加工要求按照一定厚度进行分层切片，将其三维 CAD 模型划分为二维平面几何信息，并对分化后的二维平面层进行处理，再将导入的加工参数生成 3D 打印机运行的控制代码；在计算机控制下 3D 打印设备控制系统驱动喷嘴按平面加工方式有序地连续加工，从而形成各层界面轮廓并逐步叠加为立体原型，最后经过处理得到所需零件。3D 打印工艺流程如图 3-5 所示。

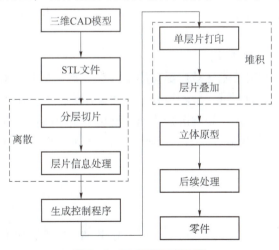

图 3-5　3D 打印工艺流程

2. 熔融沉积快速成型（FDM）

熔融沉积快速成型（FDM）是 1988 年由美国学者 Scott Crump 博士所提出，是目前常见的一种同步送料型工艺，又称为熔丝沉积成型。

1）熔融沉积快速成型的工作原理

熔融沉积快速成型设备包括送丝机构、运动机构、加热系统、喷头以及工作台等五部分。熔融沉积快速成型工艺主要是将支撑材料和成型材料进行加热熔化，在计算控制下，根据加工件截面轮廓信息使带有微细喷嘴的喷头做 $X\text{-}Y$ 平面运动和 Z 方向运动，而加热后的熔化材料在一定压力下被挤喷出来，并沉积在制作面板或前一层已固化的材料上，最终通过材料的层层堆积形成成品。熔融沉积成型的原理图如图 3-6 所示。

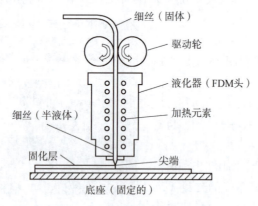

图 3-6　熔融沉积成型的原理图

2）熔融沉积快速成型的工作特点

熔融沉积成型工艺发展之所以如此迅速，是因为它具有维护简单、成本低、无须使用激光技术、打印过程采用的塑料丝材料清洁和易更换、原材料在成型过程中无化学变化、制件的翘曲变形小、支撑去除简单、无须化学清洗、分离容易、原材料利用率高以及材料寿命长等优点，是其他 3D 打印工艺无法比拟的。但是该工艺加工过程需要设计和制作支撑材料，且对整个表面进行涂覆，具有成型时间较长、成型表面质量较差、成型速度较慢等缺点。

3）熔融沉积快速成型的应用

目前熔融沉积快速成型技术已被广泛应用于汽车、航空航天、家电、医学等产品的设计开发过程，比如产品功能测试、装配检查、方案选择等，也应用于政府、大学及研究所等机构。例如日本丰田公司使用熔融沉积快速成型技术制作门把手和右侧母模，以此取代传统的 CNC 制模方式使车型制造成本显著降低，该项技术已为丰田公司在轿车制造方面节省了约 200 万美元。

任务实施

在 UG 三维软件中创建"菜狗"模型，以及导出 STL 文件，再通过 Creality 3D 软件进行参数设置，并保存到 SD 卡中，最后对实体打印机设备进行参数调整等操作，其操作流程如表 3-3 所示。

表 3-3 "菜狗"三维模型打印设置

操作步骤	操作说明	示意图
1	双击桌面上的 UG NX10 图标，进入三维图形编辑界面，在此软件中完成"菜狗"三维图的设计	
2	"菜狗"三维图设计完成后，在文件的导出项中选择"STL"文件导出模式	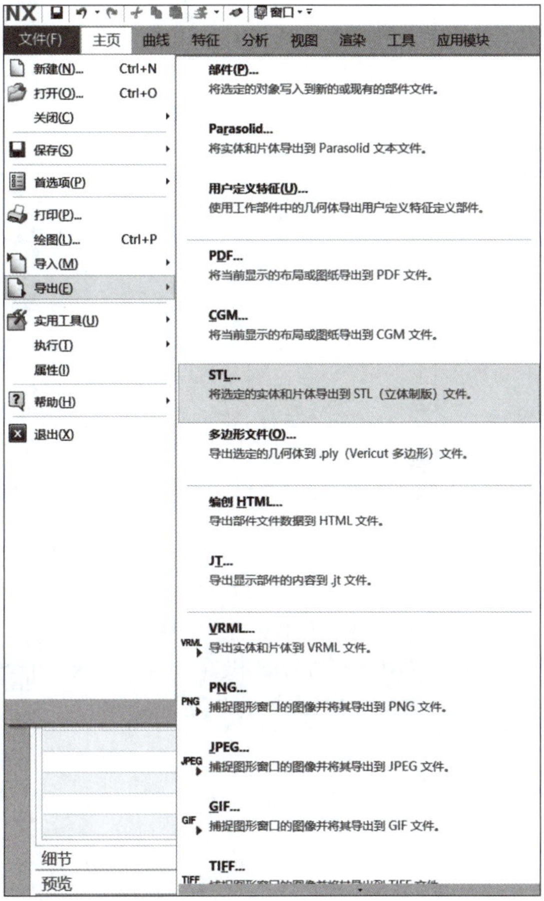

续表

操作步骤	操作说明	示意图
3	双击桌面上的 Creality 3D 软件图标，单击"文件"导入"菜狗"模型	
4	在 Creality 3D 软件中完成基本和高级参数设置，最后将文件复制到SD卡上（注意：命名最好不要出现中文）	

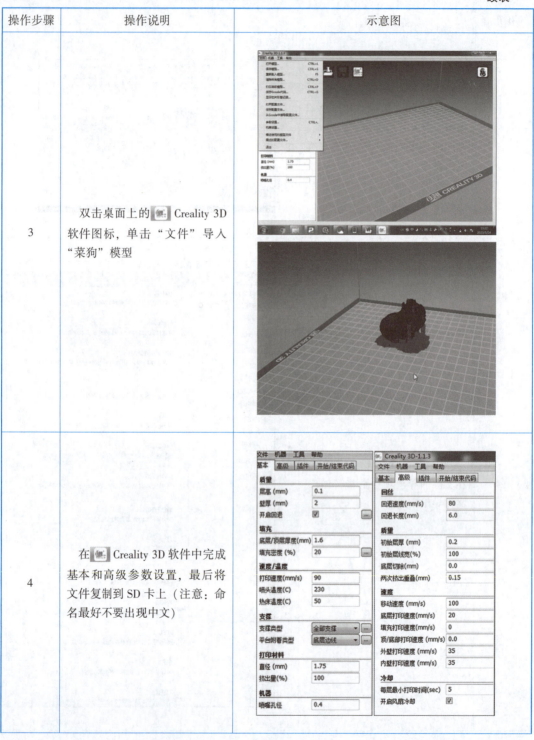

续表

操作步骤	操作说明	示意图
5	将拷贝好文件的 SD 卡插入打印机右侧插槽中	
6	打开 3D 打印机电源,通过左右旋转进行选择框上下移动	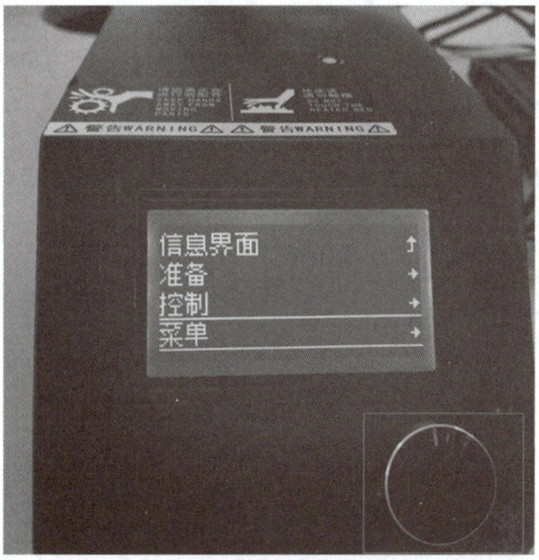
7	选中"菜单"栏,并按下左右旋转工具,进入主菜单,再选择所需要打印的文件即可完成打印件的加载	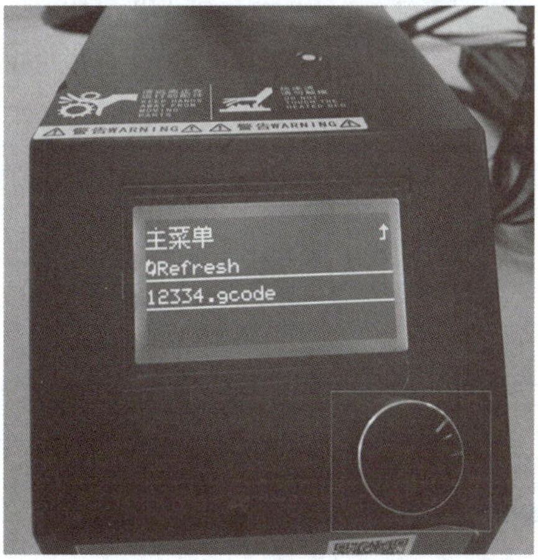

续表

操作步骤	操作说明	示意图
8	加载打印文件后，需要调整打印机喷嘴的温度值，其操作是先选择"控制"栏并进入，选择温度，再选择喷嘴，最后通过左右旋转将喷嘴温度调整至230°左右即可，等待喷嘴温度加至设置温度时便自行开始打印	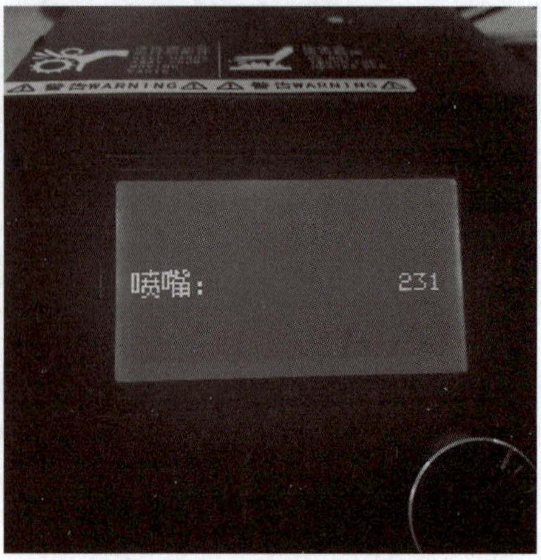

任务评价

对已创建好的三维模型进行 STL 文件导出以及相应参数设置操作评分，如表 3-4 所示。

表 3-4 任务评价表

序号	考核要点	项目（配分：100 分）	教师评分
1	职业素养	着装规范，正确佩戴安全帽及劳保鞋（4 分）	
		操作过程规范，爱护使用工具（2 分）	
		工位整洁，所有物品摆放规范、合理（4 分）	
2	STL 文件创建	正确绘制三维模型（25 分）	
		正确导出打印 STL 文件（10 分）	
3	Creality 3D 软件	Creality 3D 打印参数设置及模型导出（15 分）	
4	模型打印操作	正确将模型加载到 3DPP-P10 打印机内（10 分）	
		正确设置打印参数，例如喷嘴温度值等（15 分）	
		完成模型的打印（15 分）	
		得分	

问题探究

（1）3D 打印技术的原理是什么？
（2）简述 3D 打印技术与传统加工的互补性？
（3）如图 3-7 所示的支座类零件图，请完成该零件的建模以及导出 STL 文件，并使用 Creality 3D 软件进行参数等设置，最终将模型打印出来。

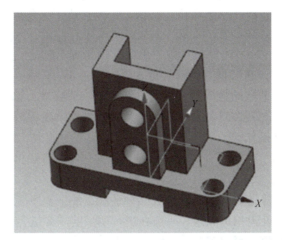

图 3-7 支座类零件

任务 3.3　ABB 工业机器人的日常维护

【任务描述】

通过学习，了解 ABB 工业机器人的日常转数计数器的更新和机器人系统的备份与恢复操作目的与步骤。

【学前准备】

（1）准备 ABB 工业机器人说明书。
（2）了解 ABB 工业机器人的日常维护重要性以及操作注意事项。

【学习目标】

（1）了解 ABB 工业机器人转数计数器的更新目的，并掌握机器人六轴回机械零点操作方法。
（2）了解 ABB 工业机器人系统备份和恢复的重要性，并掌握其操作方法。

预备知识

1. 转数计数器的更新

工业机器人零点信息是指机器人的各轴处在机械零点时轴电机编码器对应的数字，其数据储存在串行测量板上，因此必须供电才能对数据信息进行长期保存，一旦出现掉电情况会导致机器人的机械原点丢失，即失去机器人的操作基准点，最终导致机器人的位姿和位置出现混乱，不会按照正确的轨迹运行。

工业机器人计数器更新是指机器人在误删零点信息、转数计数器掉电等情况下,通过示教器将机器人各轴运动到机械零点处,再通过示教器中的转数数据校准更新的操作。在以下情况下需要对工业机器人进行转数计数器更新操作:

(1) 当示教器出现"10036 转数计数器更新"报警提示时。
(2) 更换机器人轴部的伺服电动机电池后。
(3) 在机器人处于断电的情况下,移动机器人关节轴后。
(4) 在串行测量板与转数计数器存在断开或转数计数器发生故障修复后。

机器人机械回零点操作时,为了方便操作和降低人为误差,各轴调整的顺序为:轴4—轴5—轴6—轴3—轴2—轴1,而各轴的零点位置现需要查阅机器人出厂说明书。

2. 系统备份与恢复

系统备份与恢复功能主要是防止操作者误将系统文件、程序、信号等删除导致出现操作故障,并且需要快速处理相关问题。一般在进行调试前需要进行系统备份,以此防止误操作导致系统崩溃等现象,当出现系统故障时只需采用故障前的系统进行恢复即可;其次在所有调试工作都结束后,需要对系统进行备份,防止操作人员误删程序、点位修改错误等导致停产检修,当出现上述情况只需要采用调试后的系统进行恢复即可,以此避免误操作导致停产等现象。

任务实施

首先将 ABB 工业机器人的动作模式切换为轴控制,然后按照轴4—轴5—轴6—轴3—轴2—轴1 依次将各轴转动到机械零点刻度处(槽口中心需对准中心),最后再将示教器的转数计数器更新。

步骤1:更新转数计数器,如表3-5所示。

表3-5 更新转数计数器

操作步骤	操作说明	示意图
1	在安全区域内进入示教器手动操纵界面,并将动作模式切换为轴4-6	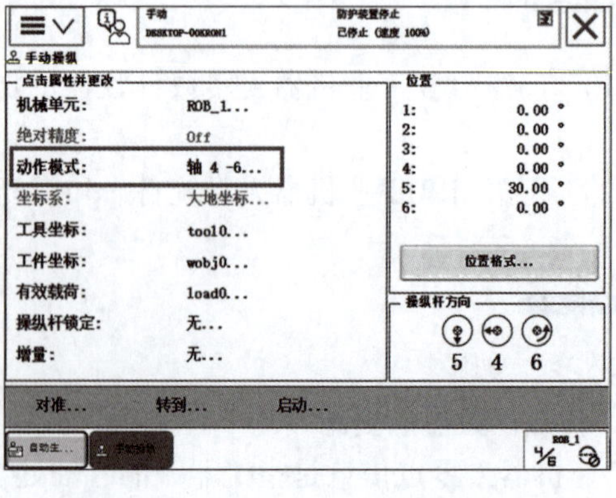

续表

操作步骤	操作说明	示意图
2	依次将轴 4—轴 5—轴 6—轴 3—轴 2—轴 1 转到机械原点刻度位置（尽量将槽口中心对准中心）	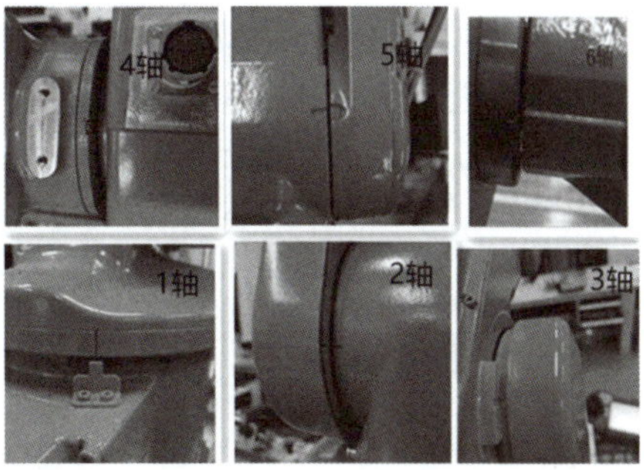
3	各轴对点操作完成后，将操作界面切换到校准界面，并单击"ROB_1"选项	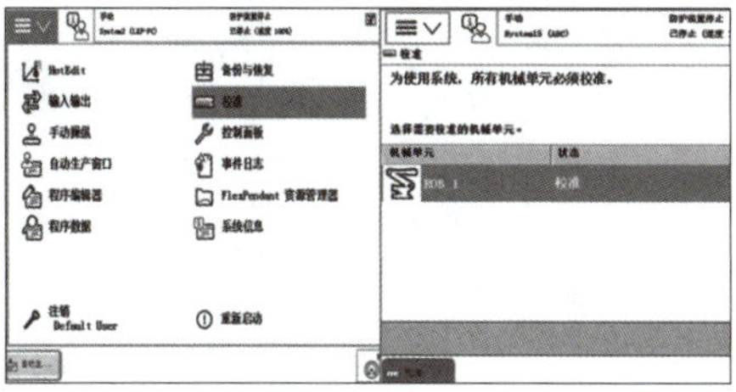
4	单击"手动方法（高级）"，并单击"校准参数"界面"编辑电机校准偏移"	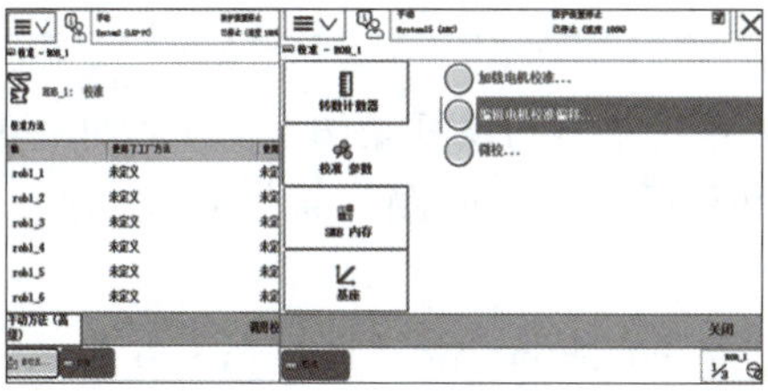
5	选择"是"后，进入"编辑电机校准偏移"界面，六个轴的偏移值参照机器人本体的铭牌上写的电机校准偏移值数据进行修改，完成后重启系统	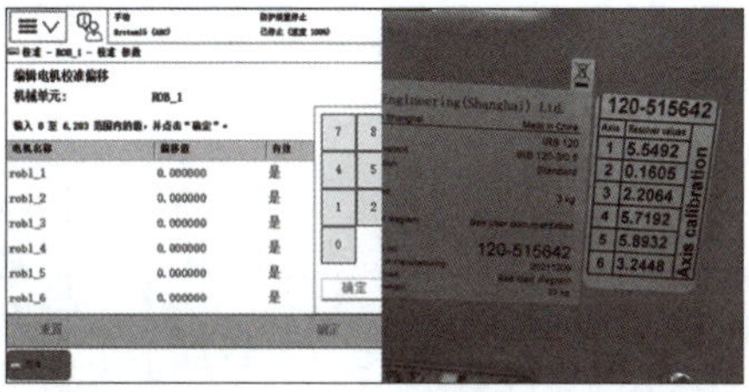 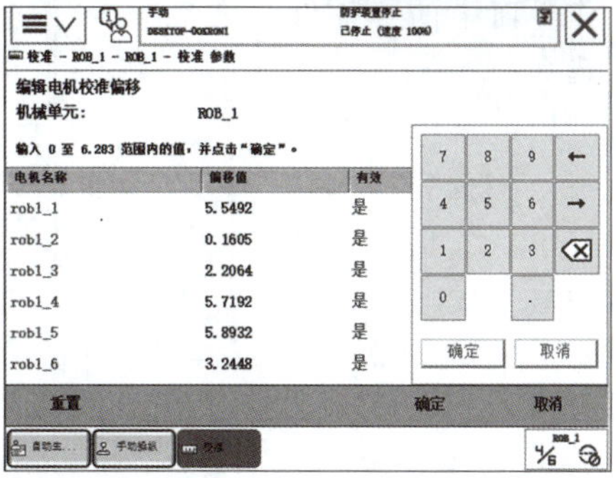

续表

操作步骤	操作说明	示意图
6	重启系统后，参照1~3步骤，进入"Rob_1"界面，选择"转数计数器"，并单击"更新转数计数器"，再单击弹出提示框中的"是"	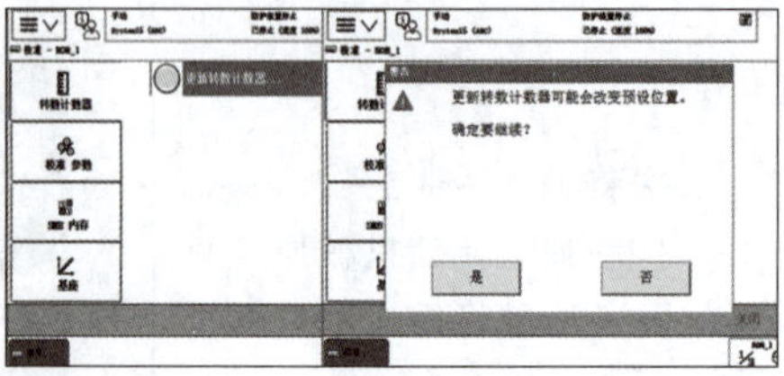
7	单击"确定"后，进入更新轴界面，单击"全选"然后单击"更新"，再选择弹出窗口中的"更新"，当显示"转数计数器更新已成功完成"，便完成了转数计数器的所有操作	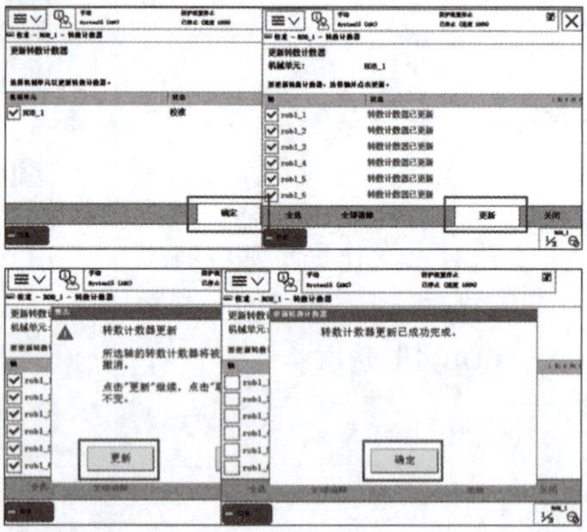

机器人系统备份与恢复操作，能快速处理操作者误操作导致机器人出现故障而无法复原或短时间恢复正常的问题，系统备份可以备份到示教器中和备份到外置存储设备中两种。

步骤2：系统备份与恢复，如表3-6所示。

表3-6 系统备份与恢复

操作步骤	操作说明	示意图
1	在安全区域内单击示教器操作界面中的"备份与恢复"选项	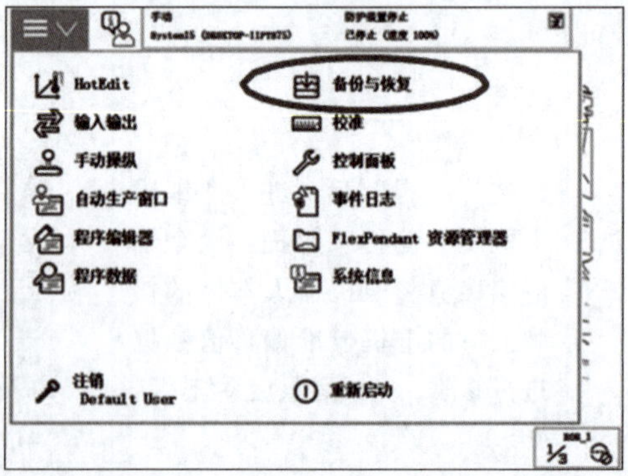

46

续表

操作步骤	操作说明	示意图
2	单击"备份当前系统…"选项，而系统恢复单击"恢复系统…"选项	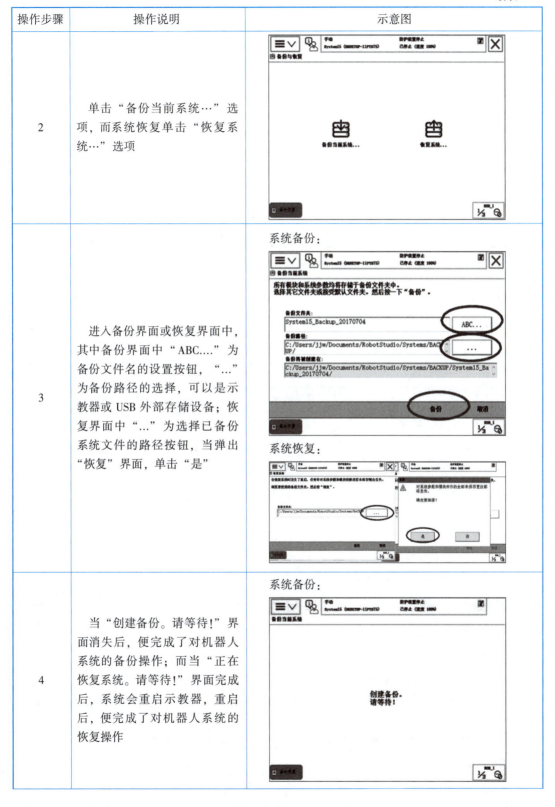
3	进入备份界面或恢复界面中，其中备份界面中"ABC…"为备份文件名的设置按钮，"…"为备份路径的选择，可以是示教器或 USB 外部存储设备；恢复界面中"…"为选择已备份系统文件的路径按钮，当弹出"恢复"界面，单击"是"	系统备份： 系统恢复：
4	当"创建备份。请等待！"界面消失后，便完成了对机器人系统的备份操作；而当"正在恢复系统。请等待！"界面完成后，系统会重启示教器，重启后，便完成了对机器人系统的恢复操作	系统备份：

续表

操作步骤	操作说明	示意图
4		系统恢复：  正在恢复系统，请等待！

任务评价

任务评价表如表 3-7 所示。

表 3-7　任务评价表

序号	考核要点	项目（配分：100 分）	教师评分
1	职业素养	着装规范，正确佩戴安全帽及劳保鞋（4 分）	
		操作过程规范，爱护使用工具（2 分）	
		工位整洁，所有物品摆放规范、合理（4 分）	
2	更新转数计数器	机器人 6 个轴回零点操作（15 分）	
		编辑电动机校准偏移（20 分）	
		完成了转数计数器（15 分）	
3	系统备份与恢复	示教器内系统备份与恢复操作（20 分）	
		外置存储设备系统备份与恢复操作（20 分）	
		得分	

问题探究

（1）ABB 工业机器人的日常维护还有哪些？其操作流程是？

（2）更新转数计数器，只是对各轴进行粗略的校准，若需要更加精确的校准，可以采用哪种方法实现？

（3）为何要进行机器人的系统备份与恢复？操作中需要注意哪些问题？

任务 3.4　工业机器人绘图程序编写

【任务描述】

使用 ABB 机器人运动指令编写运动程序，要求机器人从 HOME 点出发，自动完成绘画工具的安装，使用绘画工具在给定绘画轨迹纸上完成工业机器人现场编程，自动完成绘画工具的拆卸，工业机器人最终回到 HOME 点。

【学前准备】

(1) 准备 ABB 工业机器人操作说明书。
(2) 了解 ABB 工业机器人安全操作事项。
(3) 确保 ABB 工业机器人能自动完成装卸绘画工具及完成的绘画。

【学习目标】

(1) 可复述绘画工具装卸过程及绘画注意事项。
(2) 学会 ABB 工业机器人的运动指令和非运动指令的使用方法。

预备知识

1. 机器人运动类型

ABB 工业机器人的运动指令格式：Move＊　＊ V＊　＊＊ Tool＊\Wobj＊

Move＊：表示 ABB 工业机器人的运动类型，其指令主要有 MoveAbsj、MoveL、MoveJ、MoveC 四种运动类型，分别表示绝对位置运动、直线运动、关节运动、圆弧运动。

(1) MoveAbsj（绝对位置运动）：是指对机器人 6 个轴和附加轴角度值进行定义和运动目标位置数据的命令，其位姿和运动轨迹不可控。

(2) MoveL（直线运动）：是指机器人工具末端由一点移动到另一点，其移动路径姿态是不完全可控，其位姿和运动轨迹可控。

(3) MoveJ（关节运动）：是指机器人工具末端由一点移动到另一点，其移动始终保持直线运动的命令，其位姿和运动轨迹不可控。

(4) MoveC（圆弧运动）：是指机器人在可到达的范围内定义绘制圆弧的 3 个位置点，实现圆弧路径运动的指令，其位姿和运动轨迹可控。

＊：目标位置数据指示符，其储存类型有常量、变量和可变量三种类型。

V＊：运动速度数据（mm/s）。

fine：转弯数据类型，有 fine（准确到达位置）和 Z＊（转弯半径，＊取值越大，机器人运动越流畅）两种类型。

Tool＊：工具坐标系数据，用于定义该指令的使用工具坐标系类型。

Wobj＊：工件坐标系数据，用于定义该指令的使用工件坐标系类型。

2. 机器人非运动类型

1）Set/Reset 数字信号置位/复位指令

Set/Reset 数字信号置位/复位指令主要用于对数字输出信号的置位为"1"/复位为"0"，常见用法有：Set do1；Reset do1。

2）WaitTime 等待指令

WaitTime 指令是用于等待，直至已设置等待时间后，继续执行程序，常见用法有：WaitTime 0.5。

任务实施

依据 ABB 工业机器人示教程序命名要求以及编程要求，完成绘图过程的自动装卸绘图工具和绘图操作。

步骤 1：新建 Grab_drawing_tools（抓绘图工具）程序，编写自动安装绘图工具的程序，其运动路径如图 3-8 所示，图中橙色路线为机器人执行末端移动路径，蓝色路线为机器人携带绘图工具后移动路径。

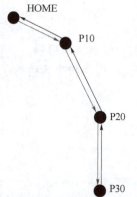

图 3-8 工业机器人抓绘图工具运动路径

参考程序：Grab_Drawing_Tools（抓绘图工具）

PROC Grab_Drawing_Tools ( )	程序名
MoveAbsJ HOME \ NoEOffs, v1000, z50, tool0;	机器人原点设置，并运动至 HOME 点
MoveJ p10, v1000, z50, tool0;	运动至绘图工具上方安全点处
Reset YV2;	快换装置定位装置松开
MoveL p20, v1000, fine, tool0;	执行末端运动至绘图工具正上方处
MoveL p30, v1000, fine, tool0;	运动至绘图工具放置点
Set YV2;	快换装置定位装置锁紧
WaitTime 1;	等待 1 s
MoveL p20, v1000, fine, tool0;	运动至放置绘图工具的正上方处
MoveJ p10, v1000, z50, tool0;	运动至放置绘图工具上方安全点处
MoveAbsJ HOME \ NoEOffs, v1000, z50, tool0;	运动至 HOME 点
ENDPROC	程序结束

步骤 2：新建 Oblique_Drawing（绘图）程序，编写自动绘图程序，其运动路径如图 3-9 所示。

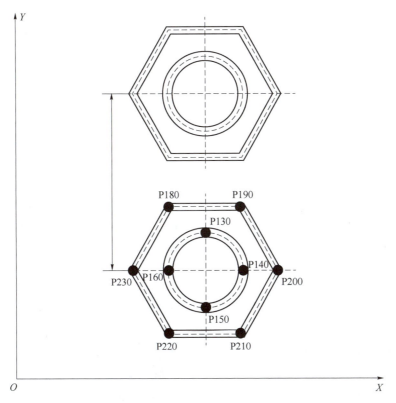

图 3-9　工业机器人绘图运动路径

参考程序：Oblique_Drawing（绘图程序）

PROC Oblique_Drawing（）	程序名
MoveAbsJ HOME \ NoEOffs，v1000，z50，tool0;	机器人原点设置，并运动至 HOME 点
MoveJ p100，v1000，z50，tool0;	过渡点 1
MoveJ p110，v1000，z50，tool0;	过渡点 2
MoveL p120，v1000，fine，tool0;	运动至绘图圆起始点正上方处
MoveL p130，v1000，fine，tool0;	运动至绘图圆起始点 P130 处
MoveC p140，p150，v1000，fine，tool0;	运动至绘图圆第二、三点 P140、P150 处
MoveC p160，p130，v1000，fine，tool0;	运动至绘图圆第四、始点 P160、P130 处
MoveL p120，v1000，fine，tool0;	退回至绘图圆起始点正上方处
MoveL p170，v1000，fine，tool0;	运动至正六边形图起始点正上方处
MoveL p180，v1000，fine，tool0;	运动至正六边形图起始点 P180 处
MoveL p190，v1000，fine，tool0;	运动至正六边形图第二点 P190 处
MoveL p200，v1000，fine，tool0;	运动至正六边形图第三点 P200 处
MoveL p210，v1000，fine，tool0;	运动至正六边形图第四点 P210 处

```
MoveL p220, v1000, fine, tool0;                          运动至正六边形图第五点 P220 处
MoveL p230, v1000, fine, tool0;                          运动至正六边形图第六点 P230 处
MoveL p180, v1000, fine, tool0;                          运动至正六边形图起始点 P180 处
MoveL p170, v1000, fine, tool0;                          退回至正六边形图起始点正上方处
PDispOn \ ExeP：=p120, Offs (p120, 0, 50, 0), tool0;     激活位置偏置
MoveL p120, v1000, fine, tool0;                          偏置运动至绘图圆 2 起始点正上方处
MoveL p130, v1000, fine, tool0;                          偏置运动至绘图圆 2 起始点 P130 处
MoveC p140, p150, v1000, fine, tool0;                    偏置运动至绘图圆 2 第二、三点 P140、P150 处
MoveC p160, p130, v1000, fine, tool0;                    偏置运动至绘图圆 2 第四、始点 P160、P130 处
MoveL p120, v1000, fine, tool0;                          偏置退回至绘图圆 2 起始点正上方处
MoveL p170, v1000, fine, tool0;                          偏置运动至正六边形图 2 起始点正上方处
MoveL p180, v1000, fine, tool0;                          偏置运动至正六边形图 2 起始点 P180 处
MoveL p190, v1000, fine, tool0;                          偏置运动至正六边形图 2 第二点 P190 处
MoveL p200, v1000, fine, tool0;                          偏置运动至正六边形图 2 第三点 P200 处
MoveL p210, v1000, fine, tool0;                          偏置运动至正六边形图 2 第四点 P210 处
MoveL p220, v1000, fine, tool0;                          偏置运动至正六边形图 2 第五点 P220 处
MoveL p230, v1000, fine, tool0;                          偏置运动至正六边形图 2 第六点 P230 处
MoveL p180, v1000, fine, tool0;                          偏置运动至正六边形图 2 起始点 P180 处
MoveL p170, v1000, fine, tool0;                          偏置退回至正六边形图 2 起始点正上方处
PDispOff;                                                关闭位置偏置
MoveJ p110, v1000, z50, tool0;                           退回至过渡点 1
MoveJ p100, v1000, z50, tool0;                           退回至过渡点 2
MoveAbsJ HOME \ NoEOffs, v1000, z50, tool0;              机器人原点设置，并运动至 HOME 点
ENDPROC                                                  程序结束
```

步骤 3：新建 Unloading Drawing Tools（卸绘图工具）程序，编写自动卸绘图工具的程序，其运动路径如图 3-10 所示，图中红色路线为机器人携带绘图工具移动放置位路径，橙色路线为机器人末端绘图工具放置后的移动路径。

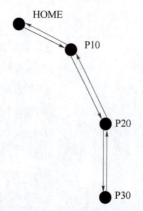

图 3-10　工业机器人卸绘图工具运动路径

程序名：Unloading Drawing Tools（卸绘图工具）

PROC Unloading Drawing Tools（ ）	程序名
MoveAbsJ HOME \ NoEOffs, v1000, z50, tool0;	机器人原点设置，并运动至 HOME 点
MoveJ p10, v1000, z50, tool0;	运动至放置绘图工具上方安全点处
MoveL p20, v1000, fine, tool0;	运动至放置绘图工具正上方处
MoveL p30, v1000, fine, tool0;	运动至放置绘图工具放置点
Reset YV2;	快换装置定位装置松开
WaitTime 1;	等待 1 s
MoveL p20, v1000, fine, tool0;	运动至绘图工具的正上方处
MoveJ p10, v1000, z50, tool0;	运动至绘图工具上方安全点处
MoveAbsJ HOME \ NoEOffs, v1000, z50, tool0;	运动至 HOME 点
ENDPROC	程序结束

任务评价

对已编好的绘图工具自动装卸以及正确绘图程序操作评分，如表 3-8 所示。

表 3-8　任务评价表

序号	考核要点	项目（配分：100 分）	教师评分
1	职业素养	着装规范，正确佩戴安全帽及劳保鞋（4 分）	
		操作过程规范，爱护使用工具（2 分）	
		工位整洁，所有物品摆放规范、合理（4 分）	
2	绘图工具自动安装	机器人正常吸持绘图工具（10）	
		机器人运动过程无碰撞，轨迹正确（10 分）	
		完成任务后能自动移动至工作原点（5 分）	
3	机器人绘图程序编写	机器人正确绘制圆 1（10 分）	
		机器人正确绘制正六边形 1（10 分）	
		机器人运动过程无碰撞，轨迹正确（10 分）	
		机器人正确绘制圆 2（5 分）	
		机器人正确绘制正六边形 2（5 分）	
4	绘图工具自动卸载	机器人正常吸持绘图工具（10）	
		机器人运动过程无碰撞，轨迹正确（10 分）	
		完成任务后能自动移动至工作原点（5 分）	
		得分	

> **问题探究**

（1）快换装置动作后为何要添加等待时间指令？如果不添加，请问自动化和手动运行有啥区别？

（2）除了采用 PDispOn 激活位置偏置指令进行第二个图形绘制外，还可以采用哪种方式完成第二个图形绘制？

（3）需要编写多个程序时，需要注意什么问题？

任务 3.5　智能控制之 PLC 简易交通灯控制

【任务描述】

使用西门子 S7-1200 中的 CPU 1214C DC/DC/DC 完成交通灯控制，其满足以下要求：按下启动按钮后，东西方向的绿灯常亮 30 s，到 30 s 后绿灯闪烁 3 s，后熄灭，并点亮东西方向的黄灯常亮 2 s，后黄灯熄灭点亮红灯，同时点亮南北方向的红灯常亮 35 s，35 s 到后红灯熄灭，绿灯点亮；南北方向的绿灯常亮 30 s，到 30 s 后绿灯闪烁 3 s，后熄灭，并点亮南北方向的黄灯常亮 2 s，后黄灯熄灭点亮红灯，同时点亮东西方向的红灯常亮 35 s，35 s 到后红灯熄灭，绿灯点亮，以此不断周而复始，直到按下停止按钮，系统停止运行。

【学前准备】

（1）西门子 S7-1200 PLC 编程说明书以及 TIA Portal V17 软件操作。

（2）了解西门子 PLC 编程注意事项。

【学习目标】

（1）学会西门子 PLC 的 I/O 分配方法。

（2）学会 TIA Portal V17 软件操作方式。

> **预备知识**

1. PLC 的基本结构

智能控制器的种类比较多，一般可分为基于个人计算机（PC）的控制系统、基于微处理器（MCU）的控制系统、基于可编程序逻辑控制器（PLC）的控制系统等。目前制造行业所选用的智能控制器是基于顺序控制的可编程逻辑控制器（PLC），因此下面主要以可编程序逻辑控制器（PLC）为例，进行智能控制器的工作特点与应用介绍。

PLC 的基本结构如图 3-11 所示。

可编程逻辑控制器 PLC 实质是一种专用于工业控制的计算机，其硬件结构基本上与微型计算机相同，基本构成详细描述如下：

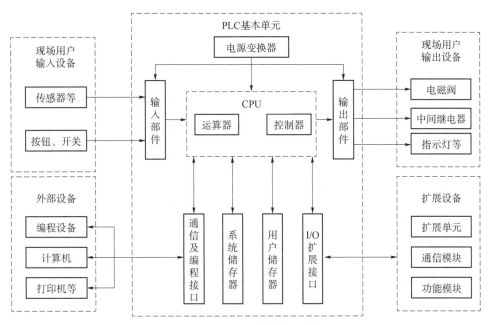

图 3-11 PLC 的基本结构

（1）电源：大部分 PLC 采用开关式稳压电源供电，与普通电源相比，具有稳定性好、抗干扰性强等特点；同时许多 PLC 还具有向外提供 DC 24 V 稳压电源，以供外部设备运行。

（2）中央处理单元：是 PLC 控制核心与中枢，其性能决定了 PLC 的性能。中央处理器由控制器、运算器和寄存器组成，这些电路都集中在一块芯片上，通过地址总线、控制总线与存储器的输入/输出接口电路相连。中央处理器的作用是处理和运行用户程序，进行逻辑和数学运算，控制整个系统使之协调。

（3）存储器：是具有记忆功能的半导体电路，它的作用是存放系统程序、用户程序、逻辑变量和其他一些信息。存储器主要由可读/写操作的随机存储器 RAM 和只读存储器 ROM（不能修改）、EEPROM（电可擦写）和 EPROM（紫外线可擦写）两种。其中系统程序是控制 PLC 实现各种功能的程序，由 PLC 生产厂家编写，并固化到只读存储器（ROM）中，用户不能访问。

（4）输入单元：是 PLC 与被控设备相连的输入接口，是信号进入 PLC 的桥梁，它的作用是接收主令元件、检测元件传来的信号。输入的类型有直流输入、交流输入、交直流输入。

（5）输出单元：也是 PLC 与被控设备之间的连接部件，它的作用是把 PLC 的输出信号传送给被控设备，即将中央处理器送出的弱电信号转换成电平信号，驱动被控设备的执行元件。输出的类型有继电器输出、晶体管输出、晶闸门输出。

PLC 除上述几部分外，根据机型的不同还有多种外部设备，其作用是帮助编程、实现监控以及网络通信。常用的外部设备有编程器、打印机、盒式磁带录音机、计算机等。

2. PLC 的工作原理

PLC 在确定了工作任务、装入专用程序后，成为一种专用机。它采用循环扫描工作方式,系统工作任务管理及应用程序执行都是通过循环扫描方式完成的。PLC 有两种工作模式:RUN(运行)模式与 STOP(停止)模式,如图 3-12 所示。

(1) RUN 模式:通过执行反映控制要求的用户程序来实现控制功能。在 PLC 的面板用"RUN"LED 显示当前的工作模式。

(2) STOP 模式:CPU 不执行用户程序,可以用编程软件创建和编辑用户程序,设置 PLC 的硬件功能,并将用户程序和硬件信息下载到 PLC。

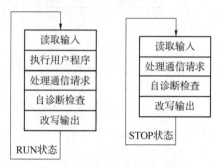

图 3-12　PLC 扫描工作模式

当可编程逻辑控制器投入运行后,其工作过程一般分为三个阶段,即输入采样、用户程序执行和输出刷新三个阶段。完成上述三个阶段称作一个扫描周期。在整个运行期间,可编程逻辑控制器的 CPU 以一定的扫描速度重复执行上述三个阶段。

根据描述,可以对 PLC 工作过程的特点总结如下:

(1) PLC 采用集中采样、集中输出的工作方式,这种方式减少了外界干扰的影响。

(2) PLC 的工作过程是循环扫描的过程,循环扫描时间的长短取决于指令执行速度、用户程序的长度等因素。

(3) 输出对输入的影响有滞后现象。PLC 采用集中采样、集中输出的工作方式,当采样阶段结束后,输入状态的变化将要等到下一个采样周期才能被接收,因此这个滞后时间的长短又主要取决于循环周期的长短。此外,影响滞后时间的因素还有输入滤波时间、输出电路的滞后时间等。

(4) 输出映像寄存器的内容取决于用户程序扫描执行的结果。

(5) 输出锁存器的内容由上一次输出刷新期间输出映像寄存器中的数据决定。

(6) PLC 当前实际的输出状态由输出锁存器的内容决定。

3. PLC 控制器的功能特点

PLC 控制器具有数字智能控制、算术运算、通信联网等多方面功能,逐渐变成了实际意义上的一种工业控制计算机。该控制器之所以在制造业中应用广泛,是因为该控制器是以逻辑控制为主,具有编程方法简单、适应性强、成本低、功能强、可靠性高、系统的设计、安装和调试工作量少等特点。

任务实施

根据项目控制要求对西门子 S7-1200 中的 CPU 1214C DC/DC/DC 进行 I/O 分配,并依据 I/O 分配表进行线路连接,完成 PLC 控制程序的编写并验证。

步骤1：对 PLC 进行 I/O 分配。

根据交通控制系统的启动、停止、东南西北的红绿黄灯控制要求，对 PLC 输入输出 I/O 分配，如表 3-9 所示。

表 3-9　交通灯 I/O 信号配置

序号	名称	信号类型	地址
1	启动按钮	输入信号	I0.0
2	停止按钮	输入信号	I0.1
3	东西方向红灯	输出信号	Q0.0
4	东西方向黄灯	输出信号	Q0.1
5	东西方向绿灯	输出信号	Q0.2
6	南北方向红灯	输出信号	Q0.3
7	南北方向黄灯	输出信号	Q0.4
8	南北方向绿灯	输出信号	Q0.5

步骤2：输入输出接线图。

根据交通灯 I/O 信号配置（表 3-9）以及本项目的控制要求，设计 PLC 外部接线图，如图 3-13 所示。

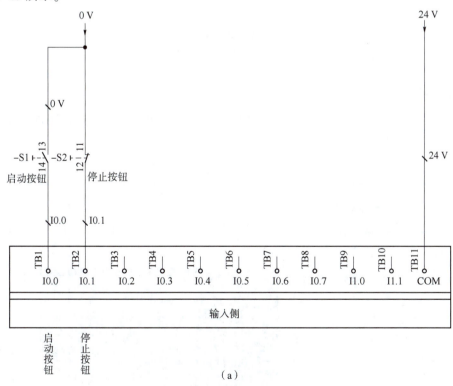

（a）

图 3-13　PLC 外部接线图

（a）PLC 输入端外部接线图；

（b）

图 3-13　PLC 外部接线图（续）

（b）PLC 输出端外部接线图

步骤 3：交通灯 PLC 程序编写及操作界面创建。

采用西门子 PLC 软件 TIA Portal V17 建立交通灯项目并编写交通灯控制程序和创建操作界面，如表 3-10 所示。

表 3-10　建立项目并编写控制程序

操作步骤	操作说明	示意图
1	双击桌面上的 博途图标，进入博途编程软件界面，在 Portal 视图中选择"创建新项目"，输入项目名称，然后选择项目保存路径，最后单击"创建"按钮创建项目	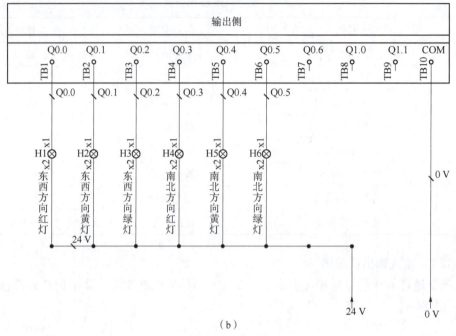

操作步骤	操作说明	示意图
2	项目创建成功后，可以通过"项目视图"，进入项目视图界面。在项目视图界面中选择"设备与网络"，再单击"添加新设备"。在"控制器"中添加实际 PLC 硬件的 CPU 型号和版本号。这里单击 S7-1200，选择 CPU 1214C DC/DC/DC。单击左下角"添加"按钮，添加新设备	
3	CPU 的 IP 设置：双击项目树中 PLC 文件夹内"设备组态"或单击巡视窗口设备名称"PLC_1"，打开该 PLC 的设备视图。选中 CPU 后再单击巡视窗口的"属性"选项，在"常规"选项卡中选中"PROFINET 接口"下的"以太网地址"，可以采用图中所示的默认 IP 地址和子网掩码，设置的地址在下载后才起作用	
4	PLC 的 I/O 地址设置：单击"设备 PLC"，在常规栏中选择 I/O 地址，设置界面可对输入输出 I/O 地址进行修改，本项目的输入输出 I/O 地址采用默认的 0..1	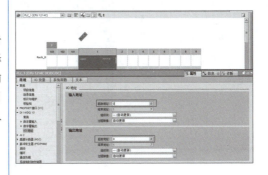

续表

操作步骤	操作说明	示意图
5	单击项目树,可以看到 PLC 变量,再双击"默认变量表",进入"默认变量表"界面,就能根据 I/O 分配表信息建立相应变量	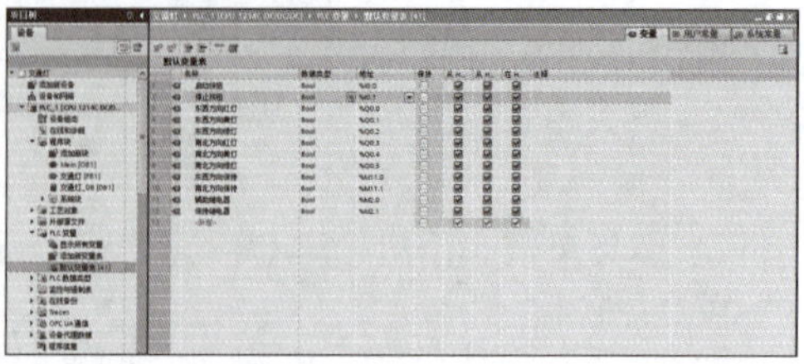
6	在程序块中建立"交通灯"程序,并在主程序中调用该程序	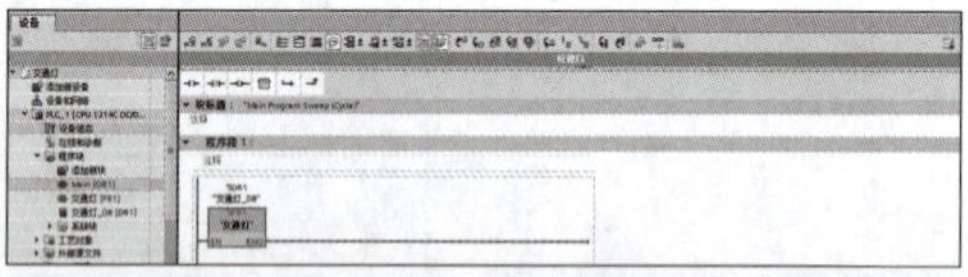 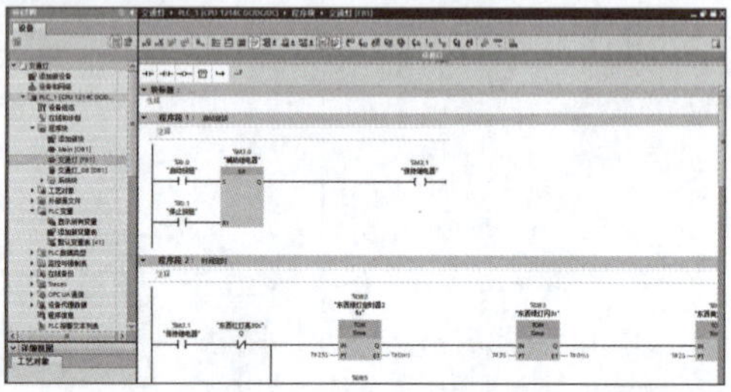
7	在项目树中单击"添加新设备",添加 HMI,根据设计要求选择合适的 HMI 型号	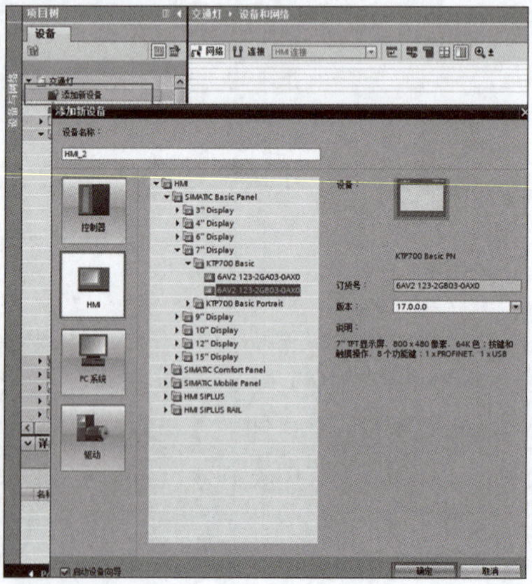

续表

操作步骤	操作说明	示意图
8	PLC 和 HMI 的连接：单击工具栏上的"连接"按钮，其右边的选择框显示连接类型为"HMI 连接"。单击选中 PLC 中的以太网接口（绿色小方框），按住鼠标左键移动鼠标，拖出一条浅蓝色直线。将它拖到 HMI 的以太网接口，松开鼠标左键，生成右图中的"HMI_连接_1"	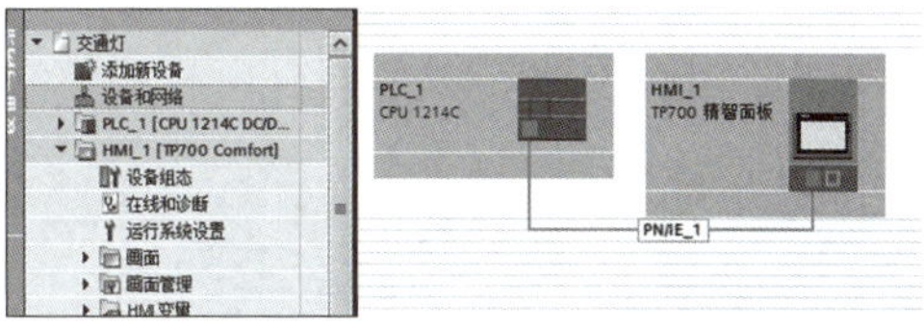
9	根据相关 I/O 分配表编辑如右图所示的交通灯路况监测图	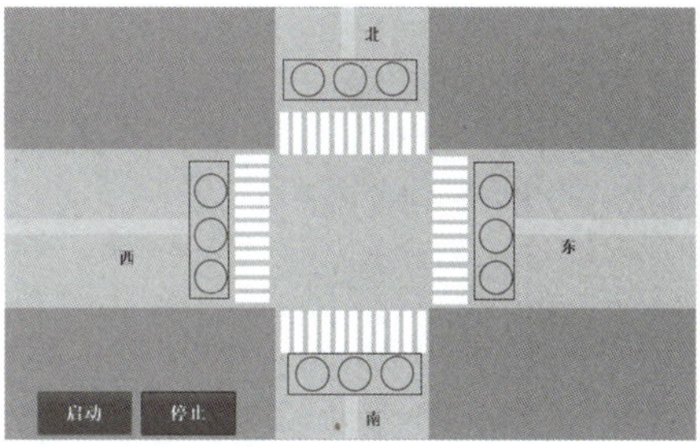

任务评价

PLC 编程调试及操作界面制作评分，如表 3-11 所示。

表 3-11 任务评价表

序号	考核要点	项目（配分：100 分）	教师评分
1	职业素养	着装规范，正确佩戴安全帽及劳保鞋（4 分）	
		操作过程规范，爱护使用工具（2 分）	
		工位整洁，所有物品摆放规范、合理（4 分）	
2	I/O 接线	接线正常（10 分）	
		接线符合工艺要求（10 分）	
3	PLC 程序编写及验证	程序编写完整（25 分）	
		正确下载（10 分）	
		能监控信号（5 分）	
4	HMI 界面编写	能按要求制作操作界面（15 分）	
		正确组态及下载（5 分）	
		能正确显示及操作（10 分）	
		得分	

> 问题探究

(1) I/O 信号可以分为_____和_____，CPU 1214C DC/DC/DC 属于_____型，其中有_____个 DI 数字量，DQ 有_____个数字量。

(2) 采用梯形图编写交通灯程序，需要注意什么问题？

(3) 请采用 SCL 语言编写简易交通灯，对比与梯形图编写的程序有什么区别？

任务 3.6　无人搬运工具——激光导航 AGV 小车

【任务描述】

编写激光导航 AGV 小车水平搬运程序，要求激光导航 AGV 小车从右侧码垛端出发点，采用小车上的传送带装置完成取料任务，并通过自动运行将物料盘输送至流水线上，最终激光导航 AGV 小车回到右侧码垛端。

【学前准备】

(1) 准备激光导航 AGV 说明书。

(2) 了解激光导航 AGV 安全操作事项。

【学习目标】

(1) 学会激光导航 AGV 的手动操作。

(2) 学会使用激光导航 AGV 部署工具。

(3) 学会激光导航 AGV 的点位示教。

> 预备知识

1. 激光自主导航 AGV 简易操作

自主导引车（Automated Guided Vehicle，AGV）是一种无人驾驶、无人操作的自动化运输设备，它能自主完成物体从出发地到目的地的搬运过程，称为自动导向车，简称为自动小车。AGV 小车属于轮式移动机器人范畴，它的动力由蓄电池提供，并通过安装的独立空间寻址系统和非接触式引导装置，高效准确地完成给定任务。本节所使用的激光自主导航 AGV 小车如图 3-14 所示。

本项目使用的激光自主导航 AGV 小车的控制方式有自动和手动两种操作方式，手动控制是通过如图 3-15 所示遥控手柄完成移动，自动控制是在程序操作下自动完成移动。

2. 激光导航 AGV 小车部署工具（建图工具）

本节所使用的激光自主导航 AGV 小车的建图工具是在网页中输入 192.168.8.11/robot（其中 192.168.8.11 是指现场小车的 IP 地址），在界面可以完成激光自主导航 AGV

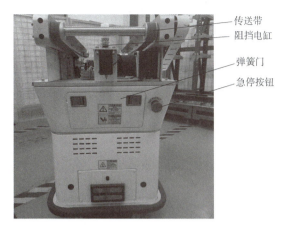

图 3-14 激光自主导航 AGV 小车

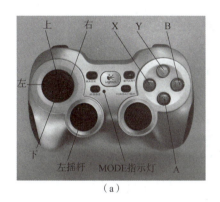
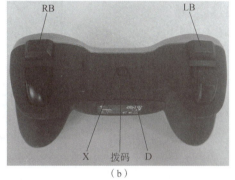

图 3-15 遥控手柄
（a）遥控手柄俯视图；（b）遥控手柄前视图

小车位置设置、路径规划、地图构建等，其中地图构建是向小车描述环境、认识运行环境，因此构建的好坏将直接影响小车的行走路径。该部署工具包含设备操作流程和首页使用详细信息。

通过网页进入部署工具菜单主界面，如图 3-16 所示。

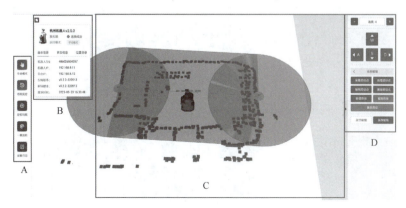

图 3-16 部署工具菜单主界面

部署工具主界面 A 处是自动手动模式、初始定位、定位导航、一键返航以及巡检日志；B 处为机器人信息，包含机器人基本信息、状态信息、位置信息；C 处为绘制地图显示界面；D 处为云台和车体控制、任务、地图编辑、建图、修改云台位姿等操作按钮。

任务实施

依据激光自主导航 AGV 小车控制及部署设置等要求，完成激光自主导航 AGV 小车手动运行以及自动运行控制操作。

步骤 1：采用遥控器移动激光自主导航 AGV 小车，如表 3-12 所示。

表 3-12　手动移动激光自主导航 AGV 小车

操作步骤	操作说明	示意图
1	激光自主导航 AGV 小车开机前的操作是在没有急停基础上，打开弹簧门，将位于遥控手柄后部的接收器插到电气接口板的任意 USB 接口上	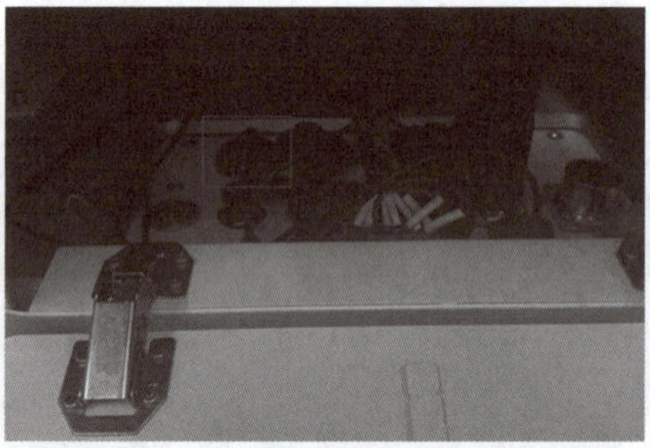
2	按下主电源按钮，等待激光自主导航 AGV 小车系统自动启动	
3	再将遥控手柄的拨码拨至 X 字母一侧，并确认"MODE"的指示灯已关闭	
4	激光自主导航 AGV 小车切换至手动模式是同时按下"LB"+"X"即可	

续表

操作步骤	操作说明	示意图
5	激光自主导航 AGV 小车前后左右移动，是在按下"RB"按钮，通过左摇杆手动控制 AGV 前、后移动，以及左、右转动；而速度过快或过慢是通过按钮"A"或"Y"进行调节	
6	激光自主导航 AGV 小车上的传送带正反转操作是通过按"上"按钮正转，当按"下"按钮传送带正转停止运行；按"左"按钮反转，当按"右"按钮传送带反转停止运行	
7	激光自主导航 AGV 小车上的阻挡电缸的吸合或复位是通过按"RB"+"下"或按"RB"+"上"完成动作	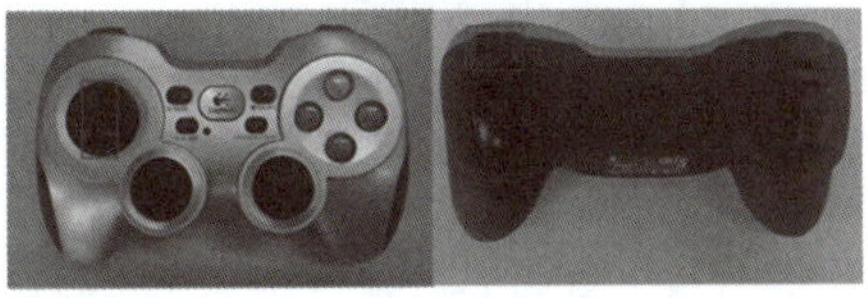

步骤 2：激光导航 AGV 部署工具使用流程，如表 3-13 所示。

表 3-13　激光导航 AGV 部署工具使用流程

操作步骤	操作说明	示意图
1	在部署工具操作界面查看机器人运动状态、自检状态、急停状态等信息，确保无急停和异常	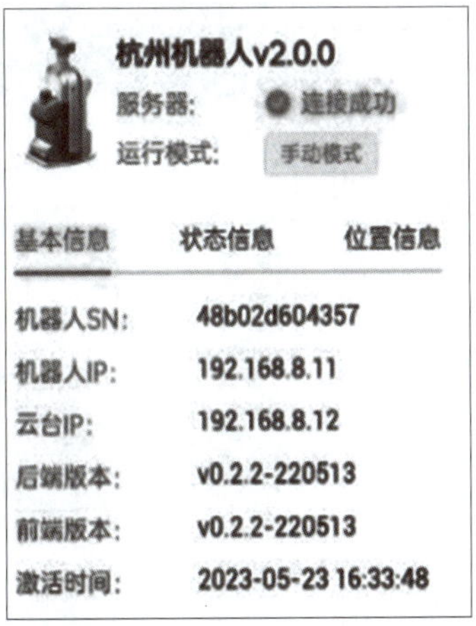

续表

操作步骤	操作说明	示意图
2	新建图：在部署工具操作界面，单击"开始建图"，并将操作切换至手动模式，通过AGV部署工具界面的车体控制，移动激光导航AGV小车扫描工作区域地图	
3	结束建图：当移动扫描结束后，单击"结束建图"，便完成了工作区域地图扫描，同时会出现红色障碍物	
4	初始定位：在AGV部署工具界面可看到红色障碍物地图，此时地图中AGV小车所在位姿与现场不符合，需要单击初始定位按钮，让AGV小车朝向与箭头一致	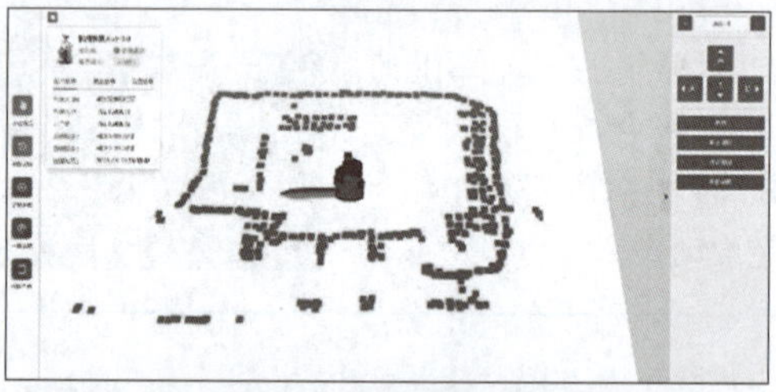
5	采集路径点：在操作界面为手动模式下，通过车体控制移动AGV小车，到达预期位置后单击采集路径点，便完成了AGV小车的实时坐标采集	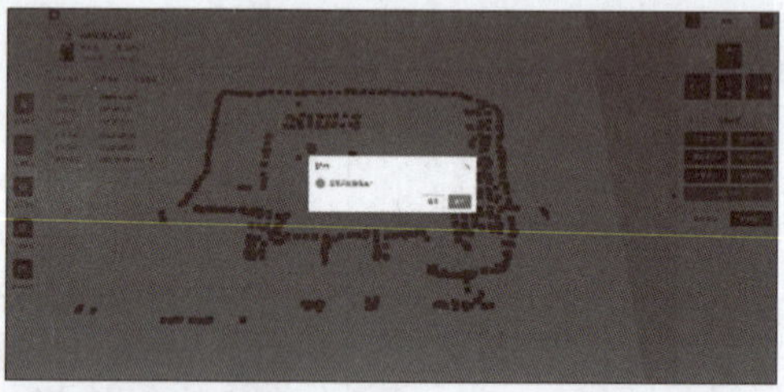
6	设置充电点：完成AGV小车的路径采集后，需要设置充电，单击编辑路径按钮，再单击地图中绿色路径点，将设置充电点选择为"是"，或通过进行X、Y、theta进行调整	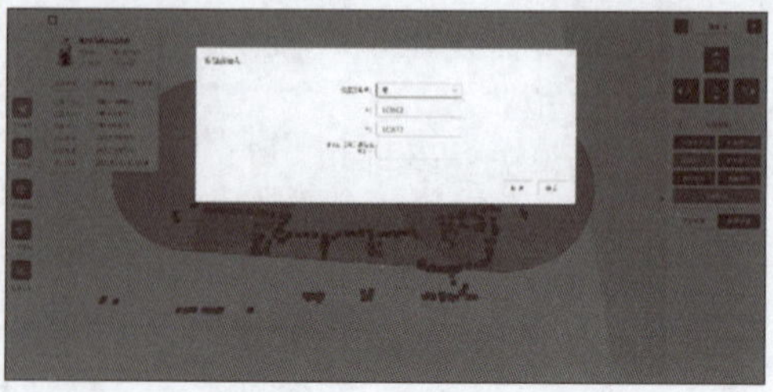

续表

操作步骤	操作说明	示意图
7	路径规划：单击新增路径按钮，选择地图中绿色路径点将其拖至另一个路径点，并将地图中所有的临近点进行连接形成路径（设置充电路径需要注意不超过2个车体距离）	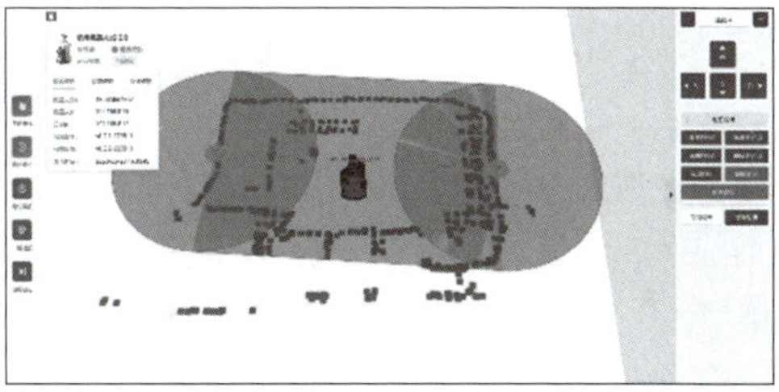
8	地图编辑完成：在部署工具操作界面将AGV小车操作切换至自动模式，再单击左侧的导航按钮，拖动箭头至想要到达的位姿，AGV小车便根据路径进行自动移动	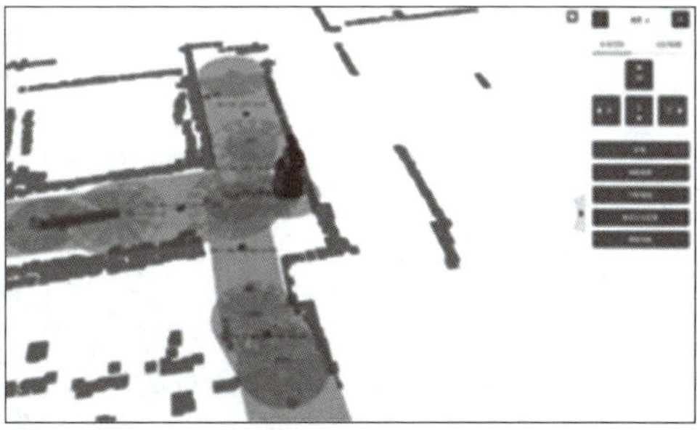
9	新增巡检点：巡检点的建立是单击任务管理中的巡检点管理菜单下的新增巡检点按钮，输入巡检点名称、选择AGV小车名称以及是否启用开关	
10	采集巡检点数据：在部署工具操作界面将AGV小车操作切换至手动模式，进行AGV小车车体控制、云台控制，移动至采集点并调整好云台姿态，再单击任务按钮中的采集任务数据按钮，完成位姿等数据采集	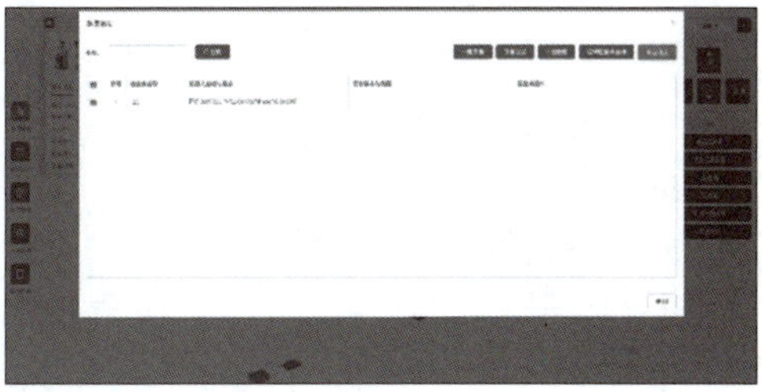

续表

操作步骤	操作说明	示意图
11	添加巡检点：巡检点的添加是单击任务管理中的巡检点管理菜单下的操作列新增操作按钮，并选择巡检点的操作类型	
12	任务下发：单击任务管理中的定时任务菜单下的新增按钮，选择 AGV 小车、输入任务名称以及是否回充电点，以及设置任务执行周期等，并选择巡检点，最后提交并保存，运行时指数要单击操作列的立即执行按钮，AGV 小车便安装巡检点的数据及操作类型执行任务	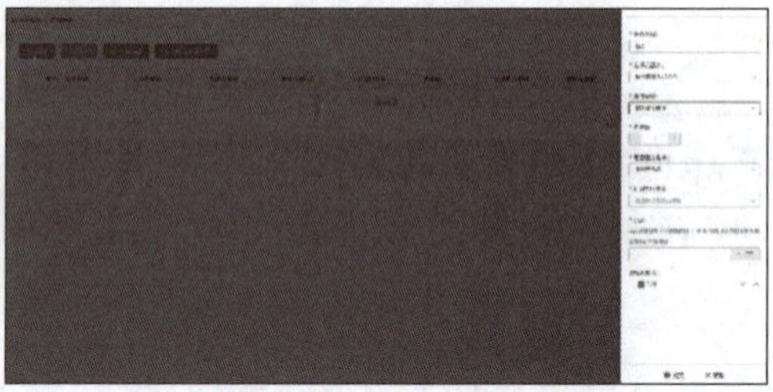
13	任务监控：单击任务管理中的定时任务菜单下的前往任务监控页按钮，就能查看当前的 AGV 小车运行的任务专题、操作结果以及巡检点的信息等	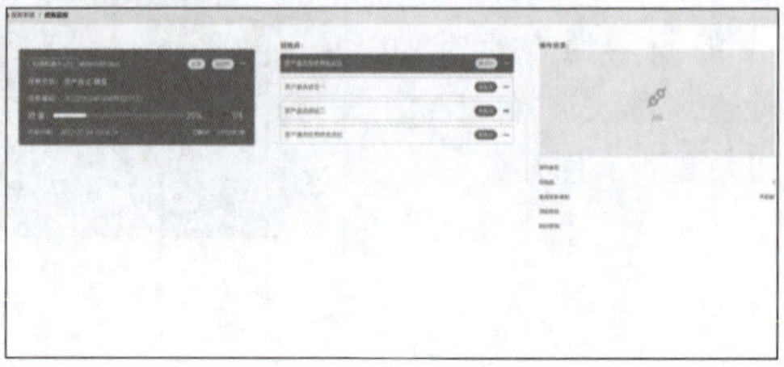
14	任务详情与巡检报告：单击任务管理中的任务查询菜单下的操作列查询详情，就能查看本次巡检任务操作结果	

任务评价

正确手动移动激光自主导航 AGV 小车以及掌握部署工具使用流程，任务评价表如表 3-14 所示。

表 3-14 任务评价表

序号	考核要点	项目（配分：100分）	教师评分
1	职业素养	着装规范，正确佩戴安全帽及劳保鞋（4分）	
		操作过程规范，爱护使用工具（2分）	
		工位整洁，所有物品摆放规范、合理（4分）	
2	手动移动激光自主导航 AGV 小车	正确打开 AGV 小车电源及安装接收器（5分）	
		正确通过遥控手柄控制 AGV 小车移动以及设置示教点（15分）	
3	激光导航 AGV 部署工具使用流程	正确建图（5分）	
		正确初始定位（5分）	
		正确采集路径点以及路径规划（25分）	
		正确设置充电点及路径规划（15分）	
		正确添加巡检点的数据以及采集（10分）	
		正确下发任务以及进行任务监控（10分）	
		得分	

项目 4　认识现代信息技术与人工智能

项目学习导航

学习目标	**知识目标：** 1. 了解信息物理系统定义与构成。 2. 了解数字孪生的应用。 3. 了解工业物联网的构成。 4. 了解自然语言处理的应用。 5. 了解机器视觉的实现方式和应用。 **技能目标：** 1. 能分辨智能产线各部件在智能制造中的作用。 2. 能识别数字孪生体的作用。 3. 能识别工业物联网设备及其作用。 4. 能运用自然语言处理工具进行简单工作。 5. 能看懂简单机器视觉程序。 **素养目标：** 1. 自信谨慎的学习态度。 2. 养成终身学习习惯，积极接纳和学习新的工具。 3. 养成辩证思考的能力：不盲从，会分析
知识重点	对信息物理系统、数字孪生、工业物联网、自然语言处理、机器视觉等概念及其构成的了解
知识难点	各种技术在生产中应用的方式
建议学时	15 学时
实训任务	任务 4.1　智能产线绘制信息物理系统的构成 任务 4.2　机械臂数字孪生体验 任务 4.3　配置工业物联网设备 任务 4.4　用自然语言处理软件编写 ABB 机器人画图程序 任务 4.5　机器视觉小程序编写

ZHINENG ZHIZAO JISHU

项目导入

工业4.0是自动化以来冲击全球制造业的最大转变。它结合了制造技术和IT技术，如物联网、人工智能和机器学习、混合现实、3D打印等，从而加快了流程和业务优化。通过本节，读者可以了解现代IT技术在制造业中的应用。

任务4.1　智能产线绘制信息物理系统的构成

【任务描述】

对照工业4.0产线说明书，找出其信息物理系统各部分的构成部件并记录在表4-1中。

【学前准备】

（1）准备工业4.0产线介绍说明书。
（2）了解工业4.0产线操作安全规定。

【学习目标】

（1）了解信息物理系统的定义。
（2）熟悉信息物理系统的构成和层级。

预备知识

1. 信息物理系统的定义

信息物理系统简称CPS。《信息物理系统白皮书（2017）》对它的定义是：通过集成先进的感知、计算、通信、控制等信息技术和自动控制技术，构建了物理空间与信息空间中人、机、物、环境、信息等要素相互映射、适时交互、高效协同的复杂系统，实现系统内资源配置和运行的按需响应、快速迭代、动态优化。

2. 信息物理系统与传统生产系统的区别

1）传统生产系统

传统生产系统包含人与机器两部分，因而称为Human Physical System，简称HPS。人类在这个系统中的工作是机器制造者将知识固化在设备上，机器操作者完成信息感知、分析、决策、控制、学习等工作，而机器的主要工作是替代部分人类体力工作，如图4-1所示。它提供动力，根据人类控制执行工作。HPS优点在于替代了部分的人类体力劳动，而缺点在于人类在工作中需要完成的任务强度依然很大，同时系统的工作效率不高，质量无法保证，且不能完成复杂度较高的工作。

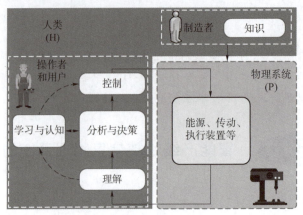

图 4-1 传统生产系统①

2）信息物理系统

信息物理系统在人和机器之间添加了信息系统。在信息物理系统中人的工作包括部分信息感知、分析、决策、控制、学习；信息系统工作包括替代部分脑力工作，采用数字孪生等控制机器工作；机器的工作包括提供人机界面、动力、传动、执行工作等，如图 4-2 所示。信息物理系统的优点是很大部分脑力劳动被取代，更多体力劳动被取代，系统效率、质量、稳定性提高，人类知识被固化到设备上。如果将人工智能运用到信息物理系统中，系统拥有了强大的思考和学习能力，能自主生产。这样的好处是人类可以从日常脑力工作中解放出来思考更有创造性的事务，系统可更高效、高质量生产，可处理更复杂问题。

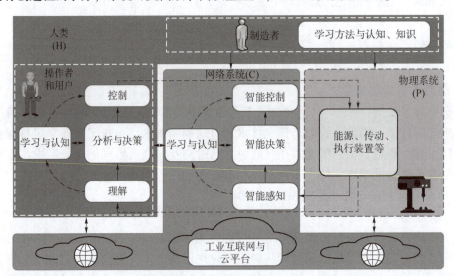

图 4-2 信息物理系统②

3. 信息物理系统的构成

信息物理系统的构成：CPS 由通信、控制和计算三个主要模块构成，如图 4-3 所示。

---

① 图片来自 J. Zhou et al. / Engineering 5 (2019) 624–636。
② 图片来自 J. Zhou et al. / Engineering 5 (2019) 624–636。

图 4-3 信息物理系统的三个部分

4. 信息物理系统层级

CPS 分为单元级、系统级、SoS 级（System of Systems，系统之系统级）三个层次。单元级 CPS 可以通过组合与集成（如 CPS 总线）构成更高层次的 CPS，即系统级 CPS；系统级 CPS 可以通过工业云、工业大数据等平台构成 SoS 级的 CPS，实现企业级层面的数字化运营。

1）单元级信息物理系统

单元级信息物理系统，需要有状态感知能力、对物理实体的控制执行能力、对数据的计算处理能力和对外交互和通信能力。依据这些能力要求，单元级 CPS 应包含物理装置和信息接口，如图 4-4 所示。物理装置包括传感器、执行器、交互装置，甚至还包含操作的人。其中传感器是信息物理系统获取相关数据信息的来源，是实现自动检测和自动控制的首要环节；执行器根据计算结果实现对物理实体的控制与优化。信息物理系统获取数据后需要对其进一步进行计算分析并使其流通，所以 CPS 还需要信息接口。比如，一台机器人，它带有传感器和 RFID，用于读取目前状态和生产信息。读取的数据传入云端进行分析和决策后进入机器人执行装置执行新的决策内容，这就是一个单元级信息物理系统。

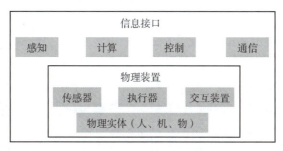

图 4-4 单元级信息物理系统构成

2）系统级信息物理系统

系统级信息物理系统强调组件之间的互联互通，并在此基础上着眼于对不同组件的实时、动态信息控制，实现信息空间与物理空间的协同和统一，同时对集成的计算系统、感知系统、控制系统与网络系统进行统一管理，其机构如图 4-5 所示。系统级 CPS 技术要求包括单元级信息物理系统的技术需求；各组成 CPS 的互联互通能力；各组成 CPS 的管理和检测能力；各组成 CPS 的协同控制能力。一条产线上有很多个单元级的 CPS，如智能机床、智能机器人、输送线和AGV，它们之间需要协作。将它们连接起来，构成一个系统级CPS。

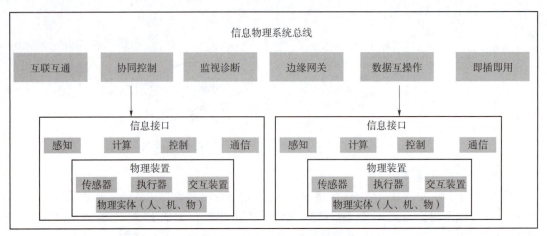

图4-5 系统级信息物理系统构成

3）系统之系统级信息物理系统

系统之系统级信息物理系统是硬件、软件、网络和平台的集合，它注重对数据融合分析，提取其中潜在价值，从而提供更强的决策力、洞察力和流程优化能力。其结构构成如图4-6所示。SoS级CPS的能力要求包括：系统级CPS技术需求、数据存储和分布式处理能力，对外可提供数据和智能服务能力。

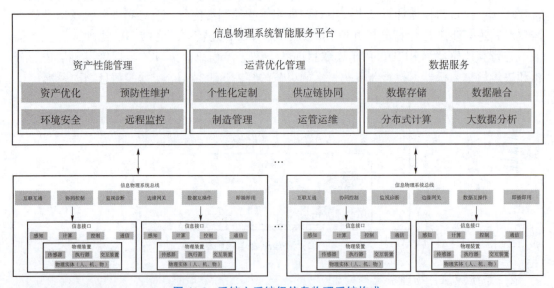

图4-6 系统之系统级信息物理系统构成

任务实施

对照工业4.0产线说明书，分别找出工业4.0产线对应的四个单元级CPS的构成部分，并填表4-1。

表 4-1　工业 4.0 产线信息物理系统构成部分

序号	单元名称/照片	部件描述/名称	功能
1			传感器
2			执行器
3			交互装置
4			控制
5			通信
6			传感器
7			执行器
8			交互装置
9			控制
10			通信
11			传感器
12			执行器
13			交互装置
14			控制
15			通信

任务评价

任务评价表如表 4-2 所示。

表 4-2　任务评价表

序号	考核要点	项目（配分：100 分）	教师评分
1	职业素养	遵守安全规则（10 分）	
		爱护设备（10 分）	
2	零件及其功能识别	正确写出上料单元各部件及其功能（20 分）	
3	零件及其功能识别	正确写出测量单元各部件及其功能（20 分）	
4	零件及其功能识别	正确写出钻孔单元各部件及其功能（20 分）	
5	零件及其功能识别	正确写出输出单元各部件及其功能（20 分）	
		得分	

问题探究

（1）信息物理系统在未来的生产中为何如此重要？
（2）工业 4.0 产线与传统的生产线有哪些不同之处？

（3）工业 4.0 产线若要大量运用在实际生产中可能存在些什么问题？

任务 4.2　机械臂数字孪生体验

【任务描述】

使用 RobotStudio 数字孪生功能体验数字孪生在机器人上的应用。

【学前准备】

（1）安装 RobotStudio。
（2）RobotStudio 数字孪生使用方法。
（3）ABB 机械臂。

【学习目标】

（1）熟悉数字孪生的定义。
（2）了解数字孪生的基本要素。
（3）了解数字孪生在制造业中的应用方式。

预备知识

1. 数字孪生的定义

（1）数字孪生定义为物理系统的数字映射。可理解为通过数字化的手段来构建一个数字世界中一模一样的实体，借此来实现对物理实体的了解、分析和优化。

（2）数字孪生不同于传统的计算机辅助设计（CAD），也不仅仅是另一种传感器驱动的物联网解决方案。数字孪生的真正力量，也是它如此重要的原因——在于它可以在物理世界和数字世界之间提供近乎实时的全面联系。很可能正是因为产品或工艺过程的真实世界与数字世界之间的这种互动，使数字孪生可生成更丰富的模型，从而对不可预测情况进行更现实和更全面的测量。得益于更便宜、更强大的计算能力，这些交互式测量可以通过现代大规模处理架构和先进的实时预测反馈和离线分析算法进行分析。这些可以实现基本的设计和工艺变化，而这些几乎无法通过当前的方法来实现。

2. 数字孪生基本要素

数字孪生必要的四要素包括：数据模型、数据信息、唯一映射和连接监控。

（1）数据模型：关键信息和变量的数据结构、元数据、功能和系统模型。比如，要孪生一辆车，那么需要哪些参数来表达这个车？它是怎样的数据结构？最起码需要知道它的型号、编码，才知道在做谁的孪生体，可能还需要车的配置、环境信息等，这些就构成孪生体的数据模型。

（2）数据信息：包括 ID、配置数据、时序数据、告警事件、知识等在内的数据信息。简而言之就是数据模型里所有的参数信息相应地填充数据信息。

（3）唯一映射：与现实实体一对一映射的唯一数字孪生体。也就是说现实中有一辆车，那么孪生也是一辆车，现实 100 辆车，相应的，孪生也是 100 辆车。这样才能确保在每辆车物理实体状态不同时，孪生能与之保持一致。

（4）连接监控：与实体连接，实时获取实体状态、指标和告警等多级数据的能力。虚实相连，获取实时的状态、指令等信息。

3. 数字孪生在制造业中的使用

制造业中数字孪生可以用于产品整个生命周期，包括设计、制造、服务等。

1）设计阶段

在产品的设计阶段，利用数字孪生可以提高设计的准确性，并验证产品在真实环境中的性能。这个阶段的数字孪生，主要包括以下功能：

（1）数字模型设计：使用 CAD 工具开发出满足技术规格的产品虚拟原型，精确地记录产品的各种物理参数，以可视化的方式展示出来，并通过一系列的验证手段来检验设计的精准程度。

（2）模拟和仿真：通过一系列可重复、可变参数、可加速的仿真实验，来验证产品在不同外部环境下的性能和表现，在设计阶段就验证产品的适应性。

2）制造阶段

在产品的制造阶段，利用数字孪生可以加快产品导入的时间，提高产品设计的质量、降低产品的生产成本和提高产品的交付速度。产品制造阶段的数字孪生是一个高度协同的过程，通过数字化手段构建起来的虚拟生产线，将产品本身的数字孪生同生产设备、生产过程等其他形态的数字孪生高度集成起来，实现以下的功能：

（1）生产过程仿真在产品生产之前，就可以通过虚拟生产的方式来模拟在不同产品、不同参数、不同外部条件下的生产过程，实现对产能、效率以及可能出现的生产瓶颈等问题的提前预判，加速新产品导入的过程。

（2）数字化产线：将生产阶段的各种要素，如原材料、设备、工艺配方和工序要求，通过数字化的手段集成在一个紧密协作的生产过程中，并根据既定的规则，自动地完成在不同条件组合下的操作，实现自动化的生产过程；同时记录生产过程中的各类数据，为后续的分析和优化提供依据。

（3）关键指标监控和过程能力评估：通过采集生产线上的各种生产设备的实时运行数据，实现全部生产过程的可视化监控，并且通过经验或者机器学习建立关键设备参数、检验指标的监控策略，对出现违背策略的异常情况进行及时处理和调整，实现稳定并不断优化的生产过程。

3）服务阶段

服务阶段的数字孪生，可以实现以下功能：

（1）远程监控和预测性维修：通过读取智能工业产品的传感器或者控制系统的各种实时参数，构建可视化的远程监控，并给予采集的历史数据，构建层次化的部件、子系统乃至整个设备的健康指标体系，并使用人工智能实现趋势预测；基于预测的结果，对维修策略以及备品备件的管理策略进行优化，降低和避免客户因为非计划停机带来的损失。

（2）优化客户的生产指标：对于很多需要依赖工业装备来实现生产的工业客户，工业装备参数设置的合理性以及在不同生产条件下的适应性，往往决定了客户产品的质量和交付周期。而工业装备厂商可以通过海量采集的数据，构建起针对不同应用场景、不同生产过程的经验模型，帮助其客户优化参数配置，以改善客户的产品质量和生产效率。

（3）产品使用反馈：通过采集智能工业产品的实时运行数据，工业产品制造商可以洞悉客户对产品的真实需求，不仅能够帮助客户加速对新产品的导入周期、避免产品错误使用导致的故障、提高产品参数配置的准确性，更能够精确地把握客户的需求，避免研发决策失误。

任务实施

（1）正确连接并开启 ABB 机械臂，打开 RobotStudio 软件。

（2）运用示教器进行机械臂坐标设定。

（3）在 RobotStudio 中编写绘制图 4-7 所示长方形图案程序。

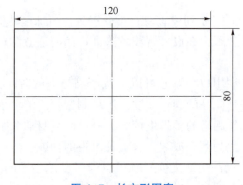

图 4-7　长方形图案

（4）运行程序，观察绘制过程和软件中的对应关系。

任务评价

任务评价表如表 4-3 所示。

表 4-3　任务评价表

序号	考核要点	项目（配分：100 分）	教师评分
1	职业素养	遵守安全规则（10 分）	
		爱护设备（10 分）	
2	正确连接并开启 ABB 机械臂设备	连接和开机操作无误（10 分）	
3	正确使用 ABB 机械臂设备	正确使用示教器进行基础操作（20 分）	
4	能使用 RobotStudio 软件	熟练掌握软件的操作（30 分）	
5	顺利完成绘图任务	生产绘图且无误（20 分）	
		得分	

问题探究

（1）数字孪生与信息物理系统存在怎样的关系？
（2）数字孪生与传统的 CAD 之间是什么关系？
（3）数字孪生的应用可能存在什么阻碍？

任务 4.3　配置工业物联网设备

【任务描述】

请为一个生产企业配置工业物联网设备，从而达成提高其工作效率，减少能源消耗等目标。

【学前准备】

（1）企业现状和需要达成的改造目标的描述。
（2）联网的电脑设备。

【学习目标】

（1）了解工业物联网的构成。
（2）了解工业物联网各构成部分的主要功用。
（3）了解工业物联网在制造业中的应用。

预备知识

1. 工业物联网的含义

（1）工业物联网（Industrial Internet of Things，IIoT）是指将传感器、设备、网络和云计算技术应用于工业生产过程中，实现设备之间的互联互通和数据的智能化处理的一种技术和应用模式。通过 IIoT，工业企业可以实现设备、系统和人员之间的高效协同和智能化管理，从而提高生产效率、降低成本、优化资源利用和提升产品质量。

（2）在工业物联网络中，收集和管理数据只是复杂过程中的第一步。基于这些数据，通过人工智能和机器学习的处理，获得准确的预判，并优化工作流和自动化任务，最终获得价值才是工业物联网的目标。

2. 工业物联网的构成

工业物联网（IIoT）由多个组成部分构成，包括以下几个主要方面：

（1）设备与传感器：IIoT 的核心是通过各种传感器和设备实现对实体世界的感知和监

测。这些传感器和设备可以收集到各种数据,如温度、湿度、压力、振动、位置等,并将其转换成数字信号。

(2) 网络和通信:IIoT 依赖于各种通信技术,包括有线和无线通信技术,如以太网、蓝牙、Wi-Fi、LoRa、LAN 等,实现设备之间和设备与云端之间的高效通信。这些通信技术允许设备之间互联互通,实现数据的传输和交换。

(3) 云计算和边缘计算:IIoT 利用云计算和边缘计算技术来处理和存储从传感器和设备中收集到的大量数据。云计算提供高性能的计算和存储能力,支持对数据进行深度分析、模型训练和预测性决策。而边缘计算则将计算和数据处理推向离数据源更近的设备边缘,减少了数据传输的延迟和带宽需求。

(4) 数据分析和人工智能:IIoT 借助数据分析和人工智能(AI)技术来处理从传感器和设备中获得的大量数据。数据分析和 AI 技术可以对数据进行深度挖掘,从中提取有价值的信息和洞察,支持智能化的决策、优化和预测性维护。

(5) 应用和服务:IIoT 应用和服务是将 IIoT 技术应用于实际生产和管理场景的具体应用程序和解决方案。这些应用和服务可以涵盖各种领域,如制造、能源、交通运输、物流、农业、医疗等,通过 IIoT 技术实现智能化的生产、管理和决策。

(6) 安全性和隐私保护:IIoT 的安全性和隐私保护是关键的组成部分。由于涉及大量的设备、传感器和数据传输,IIoT 面临着安全威胁和隐私泄露的风险。因此,必须采取相应的安全措施,如身份验证、数据加密、网络安全等,以保护 IIoT 系统的安全和隐私。

3. 工业物联网在制造业中的应用

工业物联网(IIoT)在制造业中的应用广泛,以下是工业物联网在制造业中常见的应用场景:

(1) 设备监测与维护:实时监测设备的运行状态、工作参数、能耗等信息,并将这些数据传输到云端进行分析。基于这些数据,可以进行设备预测性维护。

(2) 生产过程优化:实时监测生产过程中的各种参数,如温度、湿度、压力、速度等,并将这些数据与生产计划和产品质量要求进行对比和分析,从而优化生产过程。

(3) 供应链管理:实现供应链的可视化和追溯。

(4) 产品质量管理:实时监测产品的质量参数,并将这些数据与产品质量标准进行对比和分析。

(5) 工人安全和效率管理:实时监测工人的位置、姿态、体温等信息,确保工人的安全和健康。

(6) 环境监测和节能减排:实现对环境的智能管理,优化能源使用,减少能耗和环境污染。

(7) 生产数据分析与决策支持:与机器学习技术等协同使用,提供实时的生产数据报告、趋势分析和预测模型,帮助企业做出更加明智的决策,优化生产计划、资源配置和产品设计。

(8) 自动化生产与协同制造:工业物联网可以实现生产设备之间、生产线之间的连接和协同工作,实现生产过程的自动化和协同制造。

任务实施

根据目标要求匹配各层级所需设备，图 4-8 所示为典型的工业物联网设备供应图。例如，某焊接生产车间，如果我们需要监控环境湿度、空压机压力、机械臂运动速度、已完成零件数量，并将这些信息收集后发送至云端存储并分析数据，然后远程展示给管理层，那么我们需要：

（1）设备与传感器：温度计、压力表、速度传感器、光电传感器。

（2）网络和通信：基于太网、蓝牙、Wi-Fi、LoRa、LAN 等的通信设备。

（3）云计算和边缘计算、数据分析和人工智能、应用和服务一般由专业公司提供服务。

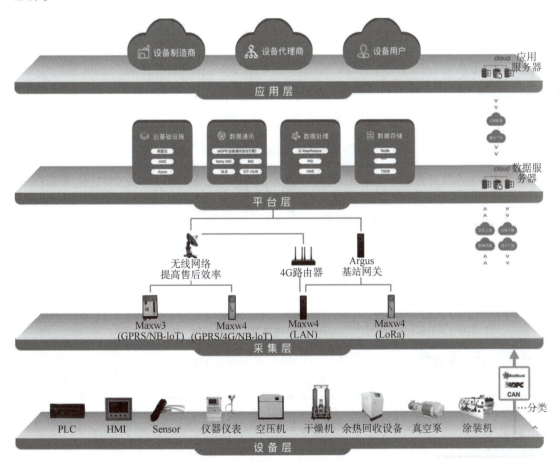

图 4-8 典型的工业物联网设备供应图

根据任务要求搜索需要的工业物联网设备并记录在表 4-4 中。

表4-4 任务评价表

序号	产品名称	厂商/型号	功用
1			
2			
3			
4			
5			
6			
7			
8			
9			
10			

任务评价

任务评价表如表4-5所示。

表4-5 任务评价表

序号	考核要点	项目（配分：100分）	教师评分
1	职业素养	遵守安全规则（10分）	
		爱护设备（10分）	
2	正确连接并开启ABB机械臂设备	连接和开机操作无误（10分）	
3	正确使用ABB机械臂设备	正确使用示教器进行基础操作（20分）	
4	能使用RobotStudio软件	熟练掌握软件的操作（30分）	
5	顺利完成绘图任务	生产绘图且无误（20分）	
		得分	

问题探究

（1）工业物联网在应用中可能存在哪些障碍？

（2）工业物联网与普通的物联网相比有哪些不同点？

任务 4.4　用自然语言处理软件编写 ABB 机器人画图程序

【任务描述】

使用你熟悉的自然语言处理软件编写一个 ABB 机器人画图程序，并在实际机器人上验证其正确性。

【学前准备】

（1）注册一个自然语言处理网站账号。
（2）电脑和网络。
（3）ABB 机器人。

【学习目标】

（1）熟悉如何使用自然语言处理软件做简单工作。
（2）了解自然语言处理工具在制造业中的应用。

预备知识

1. 自然语言处理含义

（1）自然语言处理（Natural Language Processing，NLP）是一种人工智能（AI）技术，用于使计算机能够处理、理解和生成人类语言的能力。
（2）自然语言处理技术是人与计算机之间沟通的桥梁。

2. 自然语言处理技术的主要用途

自然语言处理技术主要解决两个问题：理解自然语言和生成自然语言。具体用途包括：

（1）语言理解（Language Understanding）：这是 NLP 技术的一个重要分支，涉及对文本进行分析、解析和理解，包括词法分析、词性标注、语法分析、命名实体识别、语义分析等。语言理解技术可以帮助计算机理解文本的语法结构、词汇含义和上下文信息。

（2）语言生成（Language Generation）：这是 NLP 技术的另一个重要分支，涉及计算机根据规定的语法和语义规则生成自然语言文本。语言生成技术可以用于生成文本摘要、机器翻译、自然语言对话系统等。

（3）信息检索（Information Retrieval）：这是 NLP 技术的一个应用分支，涉及通过搜索引擎、问题回答等方式从大量文本数据中检索和提取相关信息。信息检索技术可以帮助用户从海量文本中快速找到所需的信息。

（4）情感分析（Sentiment Analysis）：这是 NLP 技术的一个特定应用分支，涉及对文本中的情感信息进行识别和分析，包括情感分类、情感极性判定等。情感分析技术可以用于分析用户对产品、服务、品牌等的情感倾向。

（5）语言对话（Language Dialogue）：这是 NLP 技术的一个应用分支，涉及构建对话系统、聊天机器人等，使计算机能够与人类进行自然语言对话。语言对话技术可以应用于在线客服、智能助手、语音助手等领域。

3. 自然语言处理在制造业中的应用

NLP 技术在制造业中的应用可以帮助企业提高生产效率、优化供应链管理、改善客户服务等。具体应用包括：

（1）智能客户服务：制造企业可以利用 NLP 技术开发智能客户服务系统，通过语音识别和语义理解技术实现与客户的自然语言交互。这可以帮助企业更好地理解客户的需求、处理客户投诉、提供技术支持，从而提升客户满意度。

（2）智能质量管理：NLP 技术可以用于自动化质量管理过程。例如，通过文本分析技术可以对大量质检报告、客户反馈和产品评论进行情感分析，从而了解产品质量问题的趋势和原因，及时采取改进措施。

（3）供应链管理：NLP 技术可以帮助企业优化供应链管理。例如，通过对供应链中的文本数据进行语义分析，可以提取供应商信息、合同条款、物流数据等，从而实现对供应链信息的自动化提取和处理，提高供应链的可视性和管理效率。

（4）文档管理：在制造业中，有大量的技术文档、操作手册、规范标准等需要管理和处理的文本数据。NLP 技术可以用于文档管理，通过文本分类、信息抽取、实体识别等技术，实现对文档的智能分类、搜索和归档，提高文档管理的效率和准确性。

（5）智能生产调度：NLP 技术可以帮助制造企业实现智能生产调度。例如，通过对生产计划、工人排班、设备维护记录等进行文本分析，可以自动识别生产中的问题和风险，并提供实时的生产调度建议，从而优化生产流程，提高生产效率。

（6）故障诊断与预测维护：NLP 技术可以帮助企业进行设备故障诊断和预测维护。通过对设备维护记录、故障报告、传感器数据等进行文本分析，可以识别设备故障的原因和趋势，提前采取维护措施，减少生产停机时间和维修成本。

任务实施

（1）在自然语言处理工具中描述图像，使其画出该图像，如图 4-9 所示。

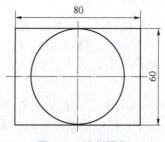

图 4-9　绘制图像

（2）命令自然语言处理工具编写 ABB 机器人绘制该图像程序。

（3）将编写程序输入 ABB 机器人中，观察其绘制图像是否正确。

任务评价

任务评价表如表4-6所示。

表4-6 任务评价表

序号	考核要点	项目（配分：100分）	教师评分
1	职业素养	遵守安全规则（10分）	
		爱护设备（10分）	
2	NLP的使用	能使用NLP正确绘制图像（20分）	
3	NLP的使用	能使用NLP编写出图像绘制代码（20分）	
4	机器人的使用	能完成代码输入并验证正确性（30分）	
5	NLP的了解	了解NLP在制造业中的应用（10分）	
		得分	

问题探究

（1）面对不可逆转的人工智能的洪流，我们应该如何面对？
（2）自然语言处理工具在现实使用中可能面临哪些障碍？

任务4.5 机器视觉小程序编写

【任务描述】

利用图形化开源软件Mixly编写圆形识别程序。

【学前准备】

（1）下载并安装Mixly软件。
（2）准备机器视觉摄像装置。
（3）带圆形图案的纸。

【学习目标】

（1）了解机器视觉系统组成。
（2）了解机器视觉在制造业中的应用。

预备知识

1. 机器视觉含义

机器视觉就是用机器代替人眼来做测量和判断。机器视觉系统是指通过机器视觉产品将被摄取目标转换成图像信号，传送给专用的图像处理系统，得到被摄目标的形态信息，根据像素分布和亮度、颜色等信息,转变成数字化信号;图像系统对这些信号进行各种运算来抽取目标的特征进而根据判别的结果来控制现场的设备动作。

2. 机器视觉系统组成

机器视觉系统通常由多个组成部分构成,这些部分共同协作,实现对图像或视频数据的处理、分析和理解。以下是一般情况下机器视觉系统的主要组成部分:

(1) 图像或视频获取设备:这可以是各种类型的图像传感器或相机,用于从现实世界中采集图像或视频数据。不同的应用场景可能需要不同类型和规格的图像或视频获取设备,例如普通摄像头、深度相机、热红外相机等。

(2) 图像预处理模块:该模块用于对从图像或视频获取设备获取的数据进行预处理,例如图像去噪、图像增强、图像分割等。

(3) 特征提取算法:这是机器视觉系统中的一个关键组成部分,用于从图像或视频数据中提取特征。特征可以是图像中的边缘、角点、纹理等视觉特征,也可以是从图像中抽取的高级语义特征,如物体的形状、颜色、纹理等。

(4) 目标识别、检测或跟踪算法:这些算法利用特征提取的结果,进行目标识别、检测或跟踪等任务。

(5) 结果输出和应用模块:这个模块负责将目标识别、检测或跟踪的结果输出。

(6) 用户界面和交互模块:用于与用户进行交互,例如显示处理结果、接收用户输入、进行用户指令解析等。

(7) 模型训练和优化模块:负责对机器视觉系统中的算法模型进行训练和优化,以便提高目标识别、检测或跟踪的准确性和鲁棒性。

(8) 数据存储和管理模块:负责对从图像或视频获取设备获取的数据进行存储和管理。

(9) 硬件设备和系统集成:涉及机器视觉系统的硬件设备和系统集成。

(10) 系统调试和测试:负责对机器视觉系统进行调试和测试,以确保系统的稳定性、可靠性和性能。

(11) 系统部署和维护:负责将机器视觉系统部署到实际应用场景中,并进行系统的运行和维护。系统部署和维护包括对系统的安装、配置、监控、维护和升级等操作,以保证系统的正常运行和持续改进。

3. 机器视觉系统在制造业中的使用

机器视觉在制造业中的应用广泛且多样,可以涵盖从生产线上的自动检测、质量控制到产品装配、零件识别、工艺监控等多个环节。以下是一些常见的机器视觉在制造业中的应用:

(1) 自动检测和质量控制:机器视觉系统可以在生产线上对产品进行自动检测和质量控制。通过图像处理和分析,可以对产品的尺寸、形状、颜色、表面缺陷等进行检测和判定,以确保产品符合规定的质量标准。这可以帮助生产厂商提高生产效率、减少人工检测错误,并降低不良品率。

(2) 零件识别和定位:在产品装配过程中,机器视觉系统可以识别和定位零件,以帮助操作员准确地将零件组装到指定的位置。这可以提高产品装配的精度和速度,并减少装配错误。

(3) 工艺监控和优化:机器视觉系统可以监控生产过程中的关键工艺参数,并实时反馈给生产管理系统,以实现对生产过程的实时监控和优化。例如,在焊接、涂装、切割等工艺中,机器视觉系统可以检测焊缝、涂层、切割线等的质量,并根据检测结果进行调整，以提高产品的质量和生产效率。

（4）缺陷检测和分类：机器视觉系统可以检测产品表面的缺陷，如裂纹、划痕、气泡等，并将其分类，以便进行后续处理或淘汰不合格品。这可以帮助生产厂商提高产品的外观质量，减少缺陷产品流入市场。

（5）数据采集和分析：机器视觉系统可以采集大量生产数据，并进行分析和处理，以帮助生产厂商了解生产过程中的趋势、问题和优化机会。这可以帮助生产厂商做出更明智的决策，改进生产流程，并提高生产效率和产品质量。

（6）其他应用：机器视觉在制造业中还可以应用于物料管理、产品追溯、机器人视觉引导、产品包装等多个环节，以提高生产效率、降低成本、提高产品质量和实现智能制造。

任务实施

Mixly 是图形化编程软件，将编程简化为拼搭积木一样简单。它可以实现包括机器视觉在内的多种 AI 编程。本节主要运用其机器视觉功能模块。

（1）圆形识别的包在程序中已经编辑完成，只需拖曳到程序编辑区域使用即可。

（2）程序的编写：

① 首先，初始化摄像头，初始化 LCD 屏幕。

② 设置重复执行依次包含：img 设置为 camera 获取图像；启动圆形识别，在指定区域按指定的参数寻找圆形；找到圆形后在指定位置绘制指定颜色、指定粗细的圆圈；然后将图像显示到 LCD 屏幕，如图 4-10 所示。

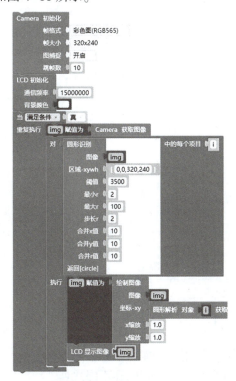

图 4-10　设置重复执行

（3）选择设备对应端口，上传程序。上传成功后可以看到设备运行寻找圆形程序，如图 4-11 所示。

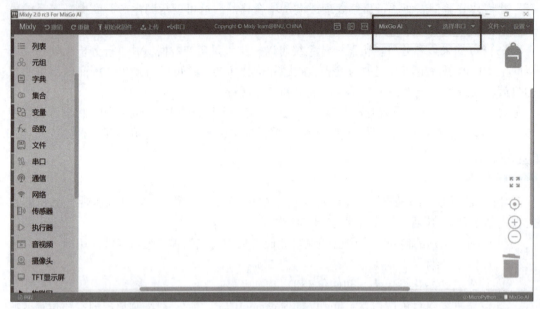

图 4-11　上传程序

任务评价

任务评价表如表 4-7 所示。

表 4-7　任务评价表

序号	考核要点	项目（配分：100 分）	教师评分
1	职业素养	遵守安全规则（10 分）	
		爱护设备（10 分）	
2	机器视觉系统	了解机器视觉系统的构成（10 分）	
3	机器视觉应用	了解机器视觉在制造业中的应用（10 分）	
4	程序编写	完成圆形识别程序编写（40 分）	
5	设备操作	熟练设置和使用摄像机（20 分）	
		得分	

问题探究

（1）机器视觉在制造业中使用时可能面临哪些问题？
（2）机器视觉与计算机视觉有什么相同和不同之处？

项目 5　自动化生产线调试

项目学习导航

学习目标	**知识目标：** 1. 明白 PLC 的硬件组成和工作原理。 2. 会进行通用变频器的参数设置。 3. 学会 PLC 的基本指令及用法。 4. 明白功能图的特点和构成要素。 5. 学会 PLC 的步进指令及用法。 6. 掌握检测分拣单元控制系统的 PLC 软件组成模块及编程思想。 7. 掌握 PLC 的脉冲指令及用法。 8. 掌握 PLC 与机器人信号之间的交换。 **技能目标：** 1. 具备颗粒上料单元的调试能力。 2. 具备调试加盖拧盖单元的能力。 3. 能使用示教器操作机器人手动运行。 4. 会使用示教器进行工具坐标、工件坐标的设定。 5. 会使用示教器进行系统输入输出的设定。 6. 会进行机器人程序点位的示教，并进行程序的编写。 7. 会使用机器人软件 RobotStudio。 8. 会调试机器人程序，满足控制要求。 9. 具备机器人单元的调试能力。 10. 掌握 MCGS（昆仑通态）组态画面的编写。 **素养目标：** 1. 培养坚定学科学习的信念，创新合作精神。 2. 培养锲而不舍、精益求精、传承匠心精神。 3. 养成安全、严谨的职业素质
知识重点	1. 工业机器人编程与调试。 2. MCGS 编程
知识难点	自动化生产线联调
建议学时	16
实训任务	任务 5.1　初识自动化生产线 任务 5.2　自动化生产线之颗粒上料单元调试 任务 5.3　自动化生产线之加盖拧盖单元调试 任务 5.4　自动化生产线之检测分拣单元调试 任务 5.5　自动化生产线之工业机器人搬运单元调试 任务 5.6　自动化生产线之智能仓储单元调试

项目导入

伴随经济全球化，我国制造业成为国民经济的核心，而自动化生产设备成为制造业发展的"发动机"，通过学习本节内容了解机械技术、电工电子技术、微电子技术、信息机电一体化技术、传感器技术、接口技术、信号变换技术等多种技术的有机结合，并综合应用到实际中。

任务 5.1　初识自动化生产线

【任务描述】

THJDMT-5B 型自动化生产线在药品生产中的工序和流程。

【学前准备】

准备自动化生产线设备。

【学习目标】

（1）了解自动化生产线设备组成。
（2）掌握自动化生产线各单元的功能。

预备知识

5.1.1　自动化生产线概述

本项目讲授所选用的自动化生产线为教学类模拟产线，实现药品装罐与包装。该自动化生产线由颗粒上料单元、加盖拧盖单元、检测分拣单元、工业机器人搬运单元和智能仓储单元组成，包括了智能装配、自动包装、自动化立体仓储及智能物流、自动检测质量控制、生产过程数据采集及控制系统等，是一个完整的智能工厂模拟装置，如图 5-1 所示。应用工业机器人技术、PLC 控制技术、机器视觉技术、射频识别技术、触摸屏应用技术、通信应用技术、变频控制技术、伺服控制技术、工业传感器技术、气动控制技术等工业自动化相关技术，可实现空瓶上料、颗粒物料上料、物料分拣、颗粒填装、加盖、拧盖、物料检测、瓶盖检测、成品分拣、机器人抓取入盒、盒盖包装、贴标、入库等智能生产全过程。

5.1.2　自动化生产线控制系统组成

电源系统：供电模式采用供电箱集中供电，具有漏电和短路保护功能，外部供电电源为单相三线 220 V。总电源开关选用单相漏电开关。系统配置 5 台 DC 24 V 5 A 开关稳压电源分别用作供料、加工、装配和分拣单元及输送单元的直流电源。供电箱装有 2 只单相插座，可以给外部设备提供交流电源，同时供电箱内交流电源设有多级熔断芯，各开关电源输出的直流电源均先经过独立的熔丝，再连接至各单元接线盒，为系统正常运行提供安全保护。

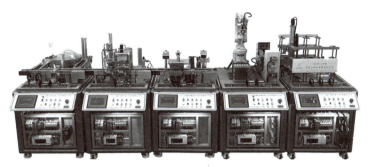

图 5-1 自动化生产线

变频器：采用三菱系统 D720S 系列高性能变频器，单相交流 220 V 电源供电，输出功率 0.4 kW，具有八段速控制制动功能、再试功能以及根据外部 SW 调整频率增件和记忆功能，具备电流控制保护、跳闸（停止）保护、防止过电流失控保护、防止过电压失控保护。

PLC 系统：采用三菱主机，内置数字量 I/O，具有 2 轴脉冲输出功能。每个 PLC 的输入端均设有输入开关，PLC 的输入/输出接口均已连接到面板上，方便用户使用。

伺服系统：驱动器 MR-JE-10A/电机 HF-KN-13J-S100。

机器人系统：由机器人本体、机器人控制器、示教单元、输入输出信号转换器和抓取机构组成，装备多种夹具、吸盘、量具、工具等，可对工件进行抓取、吸取、搬运、装配、打磨、测量、拆解等操作。

触摸屏：7.2 英寸[①]宽屏触摸屏。

自动化生产线技术参数如表 5-1 所示。

表 5-1 自动化生产线技术参数

系统电源		单相三线制 AC 220 V
设备质量		300 kg
额定电压		AC 220（1±5%）V
额定功率		1.9 kW
环境湿度		≤85%
设备尺寸		520 cm×104 cm×160 cm（长×宽×高）
工作站尺寸		580 cm×300 cm×150 cm（长×宽×高）
安全保护功能		急停按钮、漏电保护、过流保护
PLC		型号：FX5U-32MR/FX5U-32MT/FX5U-64MT
触摸屏		型号：TPC7062Ti
伺服系统	驱动器	MR-JE-10A
	电动机	HG-KN13J-S100
变频器		FR-D720S-0.4K-CHT
步进系统	驱动器	YKD2305M
	电动机	YK42XQ47-02A

---

① 1 英寸 = 25.4 mm。

续表

系统电源	单相三线制 AC 220 V
工业机器人	6轴机器人，型号：IRB120，3 kg，580 mm，控制器 IRC5 Compact
平台软件要求	计算机操作系统：Win10 PLC 编程软件：GX Works3（1.070Y） AutoShopV2.93.01-中文版 机器人编程软件：RT Toolbox3 Pro（版本：1.61P） RobotStudio6 InoTeachPadS01 触摸屏编程软件：MCGS_嵌入版 7.2 及以上版本 办公软件：WPSOffice 2016 阅读器：PDF 阅读器

5.1.3 自动化生产线结构及功能组成

自动化生产线主要由颗粒上料单元、加盖拧盖单元、检测分拣单元、工业机器人搬运单元、智能仓储单元、装配工作台、电脑桌组成。各单元都具有独立的 PLC 控制、有独立的按钮输入与指示灯输出，各单元既可以独立运行、又可以通过通信进行联机控制。

1. 颗粒上料单元

1）单元组成

颗粒上料单元主要由工作实训平台、圆盘输送机构模块、上料输送机构模块、主输送机构模块、颗粒上料机构模块、颗粒装填机构模块及其控制系统等组成。工作实训平台整体采用铝型材框架结构，尺寸约 800 mm×1 040 mm×850 mm，正面采用开关自动门设计，按下开门按钮门能自动打开并自动亮灯、电气控制挂板自动推出，按下关门按钮门能自动关闭并自动关灯、电气控制挂板自动收回，桌体封板采用 1.5 mm 厚的优质钢板，经过机械加工成型，外表面喷涂环氧聚塑，整机既坚固耐用又美观大方，桌面采用 20 mm×80 mm 优质专业铝型材拼接成型，可根据执行机构的联机情况随意调整安装位置；圆盘输送机构模块由料盘、导向机构、旋转电动机等组成，实现瓶身的自动供给；颗粒上料机构模块由两条皮带组成，两条皮带不同方向运行，通过导向机构实现颗粒物料定向选料，将颗粒输送到料槽；颗粒装填机构底部装有 0°~180°可调节旋转气缸，上部装有升降气缸，通过前部吸盘吸取物料到物料瓶；控制系统布置于电气控制挂板上，配置有 PLC 系统、交流变频系统以及与控制要求配套的低压控制器件，按钮操作面板由 10 mm 厚的铝合金板加工而成，表面贴有 PVC 面皮，印有安全注意事项信息，控制按钮采用方形按键设计，设置有"启动、停止、复位、单机、联机、急停、开关门"等控制功能。颗粒上料单元三维效果图如图 5-2 所示。

图 5-2 颗粒上料单元三维效果图

2) 单元功能

通过圆盘输送机构将空瓶逐个输送到上料输送线上,上料输送皮带逐个将空瓶输送至填装输送带上;同时颗粒上料机构中料筒推出物料,将物料输送至取料槽;当空瓶到达填装位后,定位夹紧机构将空瓶固定;吸取机构将分拣到的颗粒物料吸取并放到空瓶内;瓶内颗料物料达到设定的数量后,定位夹紧机构松开,皮带启动,将瓶子输送到下一个工位。本单元可选择多样化的填装方式,可根据物料颜色进行不同方式的组合(最多装填4颗)。表5-2所示为颗粒上料单元配置清单。

表 5-2 颗粒上料单元配置清单

单元名称	元件名称及规格	数量
颗粒上料单元	尺寸约:800 mm×1 040 mm×1 300 mm	—
	PLC:FX5U-64MR/ES	1个
	变频器:FR-D720S-0.4K	1台
	触摸屏:TPC7062Ti	1台
	传感器:光电/光纤	6个
	气缸:单杆/双杆	6个
	电磁阀:DC 24 V 单电控	6个
	15 针端子接口板	3个
	37 针端子接口板	1个
	直流电动机控制板	3个
	圆盘输送机构模块	1套
	上料输送机构模块	1套
	主输送机构模块	1套
	颗粒上料机构模块	1套
	颗粒装填机构模块	1套
	按钮操作面板	1套
	控制挂板	1套
	工作实训台	1个

2. 加盖拧盖单元

1) 单元组成

加盖拧盖单元主要由工作实训平台、加盖执行机构、拧盖执行机构、物料传输皮带、备用瓶盖料仓及其控制系统等组成。工作实训平台整体采用铝型材框架结构,尺寸约 800 mm×1 040 mm×850 mm,正面采用开关自动门设计,按下开门按钮门能自动打开并自动亮灯、电气控制挂板自动推出,按下关门按钮门能自动关闭并自动关灯、电气控制挂板自动收回,桌体封板采用 1.5 mm 厚的优质钢板,经过机械加工成型,外表面喷涂环氧聚塑,整机既坚固耐用又美观大方,桌面采用 20 mm×80 mm 优质专业铝型材拼接成型，可根据执行机构的联机情况随意调整安装位置；加盖执行机构由推料气缸、加盖升降气缸、压料气缸、取料吸盘、料筒组成，自动完成对瓶子的加盖；拧盖执行机构由拧盖电机、拧盖升降气缸组成，自动完成对瓶子的拧盖；控制系统布置于电气控制挂板上，配置有PLC系统以及与控制要求配套的低压控制器件，按钮操作面板由10 mm厚的铝合金板加工而成，表面贴有PVC面皮，印有安全注意事项信息，控制按钮采用方形按键设计，设置有"启动、停止、复位、单机、联机、急停、开关门"等控制功能。加盖拧盖单元三维效果图如图5-3所示。

2）单元功能

瓶子被输送到加盖机构后，夹盖定位夹紧机构将瓶子固定，加盖机构启动加盖程序，将盖子加到瓶子上；加上盖子的瓶子继续被送往拧盖机构，到拧盖机构下方，拧盖定位夹紧机构将瓶子固定，拧盖机构启动，将瓶盖拧紧。瓶盖分为白色和蓝色两种。表5-3所示为加盖拧盖单元配置清单。

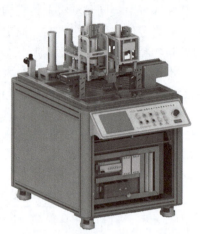

图5-3 加盖拧盖单元三维效果图

表5-3 加盖拧盖单元配置清单

单元名称	元件名称及规格	数量
加盖拧盖单元	尺寸约：800 mm×1 040 mm×1 100 m	—
	PLC：三菱 FX5U-32MR	1个
	触摸屏：TPC7062Ti	1台
	传感器：光纤/光电	3个
	气缸：单杆/双杆	6个
	电磁阀：DC 24 V 单电控	7个
	15针端子接口板	3个
	37针端子接口板	1个
	直流电动机控制板	2个
	加盖机构	1套
	拧盖机构	1套
	定位机构	2套
	输送带机构	1套
	按钮操作面板	1套
	控制挂板	1套
	工作实训台	1套

3. 检测分拣单元

1) 单元组成

检测分拣单元由工作实训平台、检测机构、物料传输皮带、不合格品分拣机构、RFID 识别机构、视觉检测机构及其控制系统等部分组成。工作实训平台整体采用铝型材框架结构，尺寸约 800 mm×1 040 mm×850 mm，正面采用开关自动门设计，按下开门按钮门能自动打开并自动亮灯、电气控制挂板自动推出，按下关门按钮门能自动关闭并自动关灯、电气控制挂板自动收回，桌体封板采用 1.5 mm 厚的优质钢板，经过机械加工成型，外表面喷涂环氧聚塑，整机既坚固耐用，又美观大方，桌面采用 20 mm×80 mm 优质专业铝型材拼接成型，可根据执行机构的联机情况随意调整安装位置；检测机构采用一体式结构，装置有反射式传感器和光纤式传感器，能进行物料有无、瓶盖拧紧与否等工况的检测，机构还装置有反应检测合格与否信号的彩灯，能根据物料的合格情况进行不同显示；单元还包括 RFID 读写器和机器视觉，其中 RFID 能对每个瓶子内的电子标签进行识别读取，视觉传感器可以对瓶盖进行颜色或内容的识别；控制系统布置于电气控制挂板上，配置有 PLC 系统以及与控制要求配套的低压控制器件，按钮操作面板由 10 mm 厚的铝合金板加工而成，表面贴有 PVC 面皮，印有安全注意事项信息，控制按钮采用方形按键设计，设置有"启动、停止、复位、单机、联机、急停、开关门"等控制功能。检测分拣单元三维效果图如图 5-4 所示。

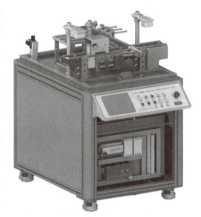

图 5-4　检测分拣单元三维效果图

2) 单元功能

拧盖后的瓶子经过此单元进行检测，进料传感器检测是否有物料进入，回归反射传感器检测瓶盖是否拧紧；检测机构检测瓶子内部颗粒是否符合要求，并进行瓶盖颜色判别区分；拧盖或颗粒不合格的瓶子被分拣机构推送到废品皮带上（短皮带）；废品皮带上又包含 3 个分拣机构，可以分别对颗粒数量不合格、瓶盖未拧紧、颗粒和瓶盖均不合格的物料进行分拣；拧盖与颗粒均合格的瓶子被输送到皮带末端，等待机器人搬运；配有彩色指示灯，可根据物料情况进行不同显示。表 5-4 所示为检测分拣单元配置清单。

表 5-4　检测分拣单元配置清单

单元名称	元件名称及规格	数量
检测分拣单元	尺寸约：800 mm×1 040 mm×1 250 mm	—
	PLC：FX5U-64MR/ES	1 个
	触摸屏 TPC7062Ti	1 台
	传感器：光电/光纤	12 个
	气缸：单杆	4 个
	电磁阀：DC 24 V 单电控	4 个

续表

单元名称	元件名称及规格	数量
检测分拣单元	15针端子接口板	3个
	37针端子接口板	1个
	直流电动机控制板	2个
	检测机构	1套
	分拣机构	1套
	输送带机构	2条
	RFID机构	1套
	视觉检测机构	1套
	按钮操作面板	1套
	控制挂板	1套
	工作实训台	1套

4. 工业机器人搬运单元

1）单元组成

工业机器人搬运单元主要由工作实训平台、6轴工业机器人、物料提升机构、标签库及控制系统等组成。工作实训平台整体采用铝型材框架结构，尺寸约800 mm×1 040 mm×850 mm，正面采用开关自动门设计，按下开门按钮门能自动打开并自动亮灯、电气控制挂板自动推出，按下关门按钮门能自动关闭并自动关灯、电气控制挂板自动收回，桌体封板采用1.5 mm厚的优质钢板，经过机械加工成型，外表面喷涂环氧聚塑，整机既坚固耐用又美观大方，桌面采用20 mm×80 mm优质专业铝型材拼接成型，可根据执行机构的联机情况随意调整安装位置；6轴工业机器人，载重量>2 kf，工业机器人配置有气动手抓+真空吸盘复合夹具，可实现搬运、装配、贴标等功能；物料提升机构采用步进电动机控制，可同时储放三个物料，能根据使用情况实现自动提升；挡料机构和定位机构装在装配台上，供物料盒的准确定位装盒；控制系统布置于电气控制挂板上，配置有PLC系统、步进驱动以及与控制要求配套的低压控制器件，按钮操作面板用10 mm厚的铝合金板加工而成，表面贴有PVC面皮，印有安全注意事项信息，控制按钮采用方形按键设计，设置有"启动、停止、复位、单机、联机、急停、开关门"等控制功能。工业机器人单元三维效果图如图5-5所示。

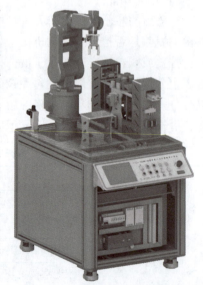

图5-5 工业机器人单元三维效果图

2）单元功能

工业机器人搬运单元，A料盒补给升降机构平台与B料盖补给升降平台分别将料盒与料盖提升起来，装配台挡料气缸伸出，A料盒补给升降机构平台将料盒推出至装配台上，装配台夹紧气缸将物料盒固定定位，工业机器人前往前站搬运瓶子至装配台物料盒内，待工业机器人将四个瓶子放满后，工业机器人将料盒盖吸取并将前往装配台进行装配，工业机器人前往标签模块，吸取对应的标签并依次按照瓶盖上的颜色对应地依次贴标。表5-5所示为工业机器人单元配置清单。

表5-5 工业机器人搬运单元配置清单

单元名称	元件名称及规格	数量
工业机器人搬运单元	尺寸约：800 mm×1 040 mm×1 700 mm	—
	六轴机械臂：IRB120	1台
	机械臂控制器：IRC5 Compact	1套
	PLC：FX5U-64MT/ES	1个
	触摸屏：TPC7062Ti	1个
	传感器：光电/磁性	11个
	限位开关：微动	4个
	气缸：单杆/双杆	4个
	电磁阀：DC 24 V 单电控	7个
	数位显示气压开关	2个
	电动机：步进电动机 YK42XQ47-O2A	2个
	行星减速器：HPE42-L1（A）-S2-92	2个
	步进电动机驱动器：YKD2305M	2个
	15针端子接口板	3个
	37针端子接口板	2个
	料盒升降机构	1套
	料盖升降机构	1套
	装配台	1套
	定位/挡料机构	1套
	标签存储台	1套
	按钮操作面板	1套
	控制挂板	1套
	工作实训台	1套

5. 智能仓储单元

1）单元组成

智能仓储单元主要由工作实训平台、立体仓库、四轴堆垛机构、触摸屏及其控制系统等组成。工作实训平台整体采用铝型材框架结构，尺寸约 800 mm×1 040 mm×850 mm，正面采用开关自动门设计，按下开门按钮门能自动打开并自动亮灯、电气控制挂板自动推出，按下关门按钮门能自动关闭并自动关灯、电气控制挂板自动收回，桌体封板采用1.5 mm厚的优质钢板，经过机械加工成型，外表面喷涂环氧聚塑，整机既坚固耐用又美观大方，桌面采用20 mm×80 mm优质专业铝型材拼接成型，可根据执行机构的联机情况随意调整安装位置；立体仓库由两座3×3的仓库组成，共18个包位，仓位上有与物料盒规格大小一致的凹槽，便于物料盒的存储和精准定位，每仓位均安装有检测传感器，可实时反应仓位的存储状态；堆垛机构水平轴移动为同步带传动机构，堆垛机构水平轴旋转为一个蜗轮蜗杆旋转机构，垂直机构为直线模组升降机构，货叉机构为气缸结构，由2个精密伺服电动机、1个步进电动机共同进行高精度控制；控制系统布置于电气控制挂板上，配置有PLC系统、交流伺服系统以及与控制要求配套的低压控制器件，按钮操作面板用10 mm厚的铝合金板加工而成，表面贴有PVC面皮，印有安全注意事项信息，控制按钮采用方形按键设计，设置有"启动、停止、复位、单机、联机、急停、开关门"等控制功能。智能仓储单元三维效果图如图5-6所示。

图5-6 智能仓储单元三维效果图

2) 单元功能

堆垛机构把机器人单元物料台上的包装盒体叉取出来，然后按要求依次放入仓储相应仓位，可进行产品的出库、入库、移库等操作。智能仓储单元配置清单如表5-6所示。

表5-6 智能仓储单元配置清单

单元名称	元件名称及规格	数量
智能仓储单元	尺寸约：800 mm×1 040 mm×1 600 mm	—
	PLC：FX5U-64MT/ES	1个
	IO模块：FX5U-8EX/ES	1个
	触摸屏：TPC7062Ti	1个
	伺服驱动器：MR-JE-10A	2个
	伺服电动机：HF-KN-13J-S100	2个
	步进驱动器：3DM580S	1个
	步进电动机：573J09	1个
	传感器：光电	18个
	限位开光：微动	4个
	编码器：增量	1个
	气缸：单杆/双杆	1个
	电磁阀：DC 24 V 单电控	2个

续表

单元名称	元件名称及规格	数量
智能仓储单元	15针端子接口板	4个
	37针端子接口板	2个
	仓库机构	2个
	堆垛移动机构	1套
	堆垛旋转机构	1套
	堆垛升降机构	1套
	堆垛叉取机构	1套
	按钮操作面板	1套
	控制挂板	1套
	工作实训台	1套

任务评价

任务评价表如表5-7所示。

表5-7 任务评价表

序号	考核要点	项目（配分：100分）	教师评分
1	自动化生产线组成	25	
2	颗粒上料单元功能	15	
3	加盖拧盖单元功能	15	
4	检测分拣单元功能	15	
5	工业机器人搬运单元功能	15	
6	智能仓储单元功能	15	
	得分		

任务5.2 自动化生产线之颗粒上料单元调试

【任务描述】

根据设备运行的要求，对颗粒上料单元的传感器、物料填装机构、颗粒上料机构、单机运行、联机运行进行调试，并设置变频器参数，使整个单元能够正常运行。

【学前准备】

（1）准备 FR-D720S 变频器的使用说明书。
（2）查阅资料了解三菱 PLC 的组成、工作原理、编程方法。

【学习目标】

（1）明白 PLC 的硬件组成和工作原理。
（2）会进行通用变频器的参数设置。
（3）学会 PLC 的基本指令及用法。
（4）具备颗粒上料单元程序编写和调试的能力。

预备知识

5.2.1　PLC 的硬件组成及工作原理

可编程控制器（Programmable Logic Controller，PLC）是以微处理器为基础，综合了 3C（Computer、Control、Communication）技术，即计算机技术、自动控制技术和通信技术发展起来的一种通用工业自动控制装置。目前已广泛应用于自动化控制的各个领域，并与数控技术、工业机器人技术成为现代工业控制的三大支柱。

1. PLC 的硬件组成

PLC 的硬件主要由中央处理器（CPU）、存储器、输入/输出接口、通信接口、扩展接口及电源等组成，如图 5-7 所示。

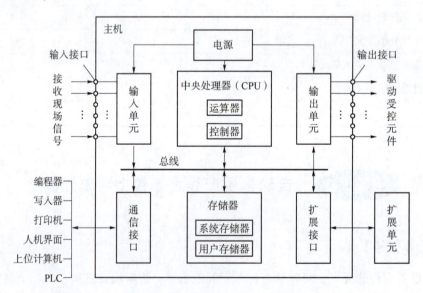

图 5-7　整体式 PLC 的组成框图

1）中央处理器（CPU）

一般由控制器、运算器和寄存器组成，这些电路都集成在一个芯片内。CPU 通过数据总线、地址总线和控制总线与存储单元、输入/输出接口电路相连接。与一般的计算机一样，CPU 是整个 PLC 的控制中枢，它按 PLC 中系统程序赋予的功能指挥 PLC 有条不紊地进行工作。

2）存储器

PLC 系统中的存储器主要用于存放系统程序、用户程序和工作状态数据。PLC 的存储器包括系统存储器和用户存储器。系统存储器用来存放由 PLC 生产厂家编写的系统程序，并固化在 ROM 内，用户不能更改；用户存储器包括用户程序存储器（程序区）和数据存储器（数据区）两大区域。

3）输入/输出接口

输入/输出接口是 PLC 与现场 I/O 设备或其他外部设备之间的连接部件。PLC 通过输入接口把外部设备（如开关、按钮、传感器）的状态或信息读入 CPU，通过用户程序的运算与操作，把结果通过输出接口传递给执行机构（如电磁阀、继电器、接触器等）。

4）通信接口

PLC 配有各种通信接口，这些接口一般都带有通信处理器。PLC 通过这些通信接口可与监视器、打印机、其他 PLC、计算机等设备实现通信。

5）电源

PLC 配有开关电源，以供内部电路使用。与普通电源相比，PLC 电源的稳定性好、抗干扰能力强，对电网提供的电源稳定性要求不高。

2. PLC 的软件系统组成

PLC 的软件系统由系统监控程序和用户程序组成。

1）系统监控程序

系统监控程序是每一台 PLC 必须包括的部分，是由 PLC 制造厂商设计编写的，并存入 PLC 的系统存储器中，用户不能直接读写、更改。

2）用户程序

用户程序就是通过编程软件来编写的控制程序，编程软件是由可编程控制器生产厂家提供的编程语言。PLC 有多种程序设计语言，最常用的语言是梯形图和指令语句表。

3. PLC 工作原理

可编程控制器属于工业控制计算机，它的工作原理是建立在计算机工作原理基础上的。PLC 的工作过程是一个不断循环扫描的过程，如图 5-8 所示，采用"顺序扫描、不断循环"的方式进行工作的。即在 PLC 运行时，CPU 根据用户按控制要求编制好并存于用户存储器中的程序，按指令步序号（或地址号）做周期性循环扫描，如无跳转指令，则从第一条指令开始逐条顺序执行用户程序，直至程序结束。然后重新返回第一条指令，开始下一轮新的扫描。在每次扫描过程中，还要完成对输入信号的采样和对输出状态的刷新等工作。

PLC 的一个扫描周期必经输入采样、程序执行和输出刷新三个阶段。

PLC 在输入采样阶段：首先以扫描方式按顺序将所有暂存在输入锁存器中的输入端子的通断状态或输入数据读入，并将其写入各对应的输入状态寄存器中，即刷新输入。随即关闭输入接口,进入程序执行阶段。

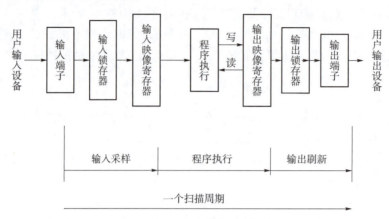

图 5-8　PLC 工作过程示意图

PLC 在程序执行阶段:按用户程序指令存放的先后顺序扫描执行每条指令,经相应的运算和处理后,其结果再写入输出状态寄存器中,输出状态寄存器中所有的内容随着程序的执行而改变。

输出刷新阶段:当所有指令执行完毕,输出状态寄存器的通断状态在输出刷新阶段送至输出锁存器中,并通过一定的方式(继电器、晶体管或晶闸管)输出,驱动相应输出设备工作。

4. PLC 的编程元件及常用指令

1) 编程元件

(1) 输入继电器。

输入继电器只能由外部信号驱动,不能在程序内部用指令驱动,其触点也不能直接输出,带动负载。用 X 带下标(编号按八进制分配)表示。

(2) 输出继电器。

输出继电器专门用于将输出信号传给外部负载,不能直接由外部信号驱动,只能在程序内部用指令驱动。用 Y 带下标(编号按八进制分配)表示。

(3) 辅助继电器。

辅助继电器只能由程序驱动,不能直接驱动外部负载,专供 PLC 内部编程时使用,其作用相当于控制电路中的中间继电器。它有通用型、保持型两类,用 M 带下标(编号按十进制分配)表示。

(4) 定时器。

定时器是对时钟脉冲进行加法运算。当达到设定值时,输出触点动作。其作用相当于控制电路中的时间继电器,用 T 带下标(编号按十进制分配)表示。

指令使用说明:

定时器指令是加计数型预置定时器,被启动后开始计时;延时时间到,则相应的常开接点接通,常闭接点断开。

如果在定时器工作期间触发信号断开,则其运行中断,定时器复位。

100 ms 通用定时器(T0~T199)共 200 点,其中 T192~T199 为子程序和中断服务程序专用定时器。这类定时器是对 100 ms 时钟累积计数,设定值 K 为 1~32 767,其定时范围为 0.1~3 276.7 s。10 ms 通用定时器（T200~T245）共 46 点。这类定时器是对 10 ms 时钟累积计数，设定值 K 为 1~32 767，所以其定时范围为 0.01~327.67 s。

预置时间为：单位×预置值（K），预置值只能是十进制数 1~32 767。根据不同的定时控制精度要求，编程时可任意选择定时器类型。

在同一程序中，相同编号的定时器线圈只能使用一次。

（5）计数器。

计数器分为加计数器、减计数器和加减计数器，用 C 加下标表示。

2）常用指令

PLC 编程中经常需要用到的基本指令并不多，用得最多的是 LD 和 LDI、OUT、定时器 T、计数器 C、END 等。下面简单介绍一些常用的指令和资源。

（1）LD 和 LDI 指令。

说明：开始逻辑运算。

LD 指令开始逻辑运算，输入的触点为常开触点：┤├。

LDI 指令开始非逻辑运算，输入的触点为常闭触点：┤╱├。

LD 和 LDI 的目标元件：X、Y、M、S（状态器，具体用法见任务 5.2）、T、C。

（2）OUT 输出指令。

说明：输出运算结果，将逻辑运算的结果输出到线圈。

OUT 指令的目标元件：Y、M、S、T、C。

关于 OUT 指令，有以下几点需要注意：

①不能直接与左母线相连（不包括步进指令）；

②指令不能用于输入继电器 X；

③线圈和输出类指令应放在梯形图的最右边；

④该指令不能串联使用，当输出继电器并联时，可连续使用该指令输出；

⑤对于某个输出继电器，只能用一次 OUT 指令，否则会出现双重线圈输出错误（不包括步进指令）。

（3）触点串联指令。

说明：AND、ANI 指令用于单个触点的串联，串联触点点数不限，但触点数必须与指令条数相同。

① AND：与指令，用于单个常开触点的串联。

② ANI：与非指令，用于单个常闭触点的串联。

AND/ANI 指令的目标元件：X、Y、M、S、T、C。

（4）触点并联指令（OR、ORI）。

说明：OR、ORI 指令用于单个触点的并联，紧跟在 LD、LDI 指令后使用。

OR：或指令，用于单个常开触点的并联。

ORI：或非指令，用于单个常闭触点的并联。

OR/ORI 指令的目标元件：X、Y、M、S、T、C。

（5）电路块的并联、串联（ORB、ANB）。

ORB 指令用于多个电路块并联。两个或两个以上接点串联连接的电路叫作串联电路块。对串联电路块并联连接时使用 ORB 指令。ORB 有时简称或块指令。

ORB 指令使用时注意以下几点：

①分支开始用 LD、LDI 指令，分支终点用 ORB 指令。

②ORB 指令为无目标元件指令，为一个程序步，它不表示触点，可以看成电路块之间的一段连接线。

ORB 指令的使用方法有两种：一种是在要并联的每个串联电路块后加 ORB 指令；另一种是集中使用 ORB 指令。对于前者，分散使用 ORB 指令时，并联电路的个数没有限制；但对于后者，集中使用 ORB 指令时，这种电路块并联不能超过 8 个（即重复使用 LD、LDI 指令限制在 8 次以下）。

ANB 指令用于多个电路块串联。两个或两个以上接点并联的电路称为并联电路块，分支电路并联电路块与前面的电路串联连接时，应使用 ANB 指令。ANB 指令简称与块指令。

ANB 指令使用时，注意以下两点：

①分支起点用 LD、LDI 指令，并联电路块结束后，使用 ANB 指令与前面的电路串联；

②ANB 也是无操作目标元件，是一个程序步指令。

（6）END 指令。

END 为结束指令，放在程序的最后。程序执行到 END 指令以后，即使后面还有程序，都不再执行，直接进行输出处理。若程序没有 END 指令，早期的编程语言版本会提示程序错误，拒绝执行该程序。现在较新版本的编程语言自动在梯形图或指令表最后添加 END 指令，也就是说，如果程序中不编入 END 指令，软件会自动加上，可以正确执行。

在程序调试过程中，按段插入 END 指令，可以顺序检查程序各段的动作情况；确认无误后，删除多余的 END 指令。END 指令无操作元件。

5. 梯形图的特点及编程规则

梯形图与继电-接触器控制电路图很接近，在结构形式、元件符号及逻辑控制功能方面是类似的，但梯形图具有自己的特点及设计规则。

1）梯形图的特点

（1）在梯形图中，所有触点都应按从上到下、从左到右的顺序排列，并且触点只允许画在左水平方向（主控触点除外）。每个继电器线圈为一个逻辑行，即一层阶梯。每个逻辑行开始于左母线，然后是触点的连接，最后终止于继电器线圈。左母线与线圈之间一定要有触点，而线圈与右母线之间不能存在任何触点。

（2）在梯形图中，每个继电器均为存储器中的一位，称为软继电器。当存储器状态为"1"时，表示该继电器得电，其常开触点闭合或常闭触点断开。

（3）在梯形图中，两端的母线并非实际电源的两端，而是概念电流，概念电流只能从左向右流动。

（4）在梯形图中，某个继电器线圈编号只能出现一次，而继电器触点可以无限次使用，如果同一继电器线圈重复使用两次，PLC 将视其为语法错误。

（5）在梯形图中，每个继电器线圈为一个逻辑执行结果，并立刻被后面的逻辑操作使用。

（6）在梯形图中，不会出现输入继电器线圈，而只会出现触点，其他软继电器在梯形图中，既可以出现线圈，也可以出现触点。

2）梯形图编程的设计规则

（1）触点不能接在线圈的右边，如图 5-9（a）所示；线圈不能直接与左母线连接，必须通过触点来连接，如图 5-9（b）所示。

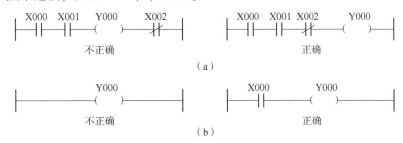

图 5-9　梯形图编程规则说明 1

（2）在每一个逻辑行上，当几条支路并联时，串联触点多的应安排在上，如图 5-10（a）所示；几条支路串联时，并联触点多的应安排在左边，如图 5-10（b）所示，这样可以减少编程指令。

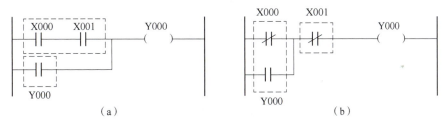

图 5-10　梯形图编程规则说明 2

（3）梯形图的触点应画在水平支路上，而不应画在垂直支路上，如图 5-11 所示。

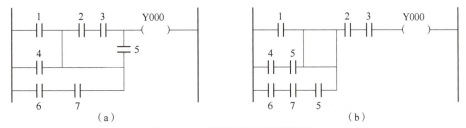

图 5-11　梯形图编程规则说明 3

（4）遇到不可编程的梯形图时，可根据信号单向自左至右、自上而下流动的原则对原梯形图进行重新编排，以便于正确应用 PLC 基本编程指令进行编程，如图 5-12 所示。

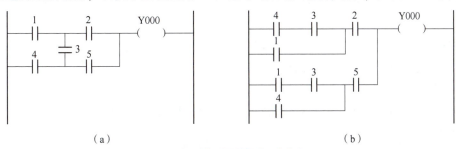

图 5-12　梯形图编程规则说明 4

（5）双线圈输出不可用。如果在同一程序中同一元件的线圈重复出现两次或两次以上，则称为双线圈输出，这时前面的输出无效，后面的输出有效，如图5-13所示。一般不应出现双线圈输出。

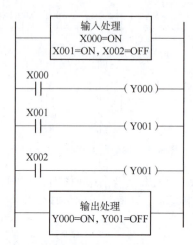

图5-13　梯形图编程规则说明5

5.2.2　变频器的工作原理及操作方法

通常，把电压和频率固定不变的交流电变换为电压或频率可变的交流电的装置称作"变频器"。变频器用来控制三相异步电动机的启停和转速，三相异步电动机的同步转速，即旋转磁场的转速为

$$n_1 = \frac{60f_1}{p}$$

式中，n_1——同步转速，r/min；
　　　f_1——定子频率，Hz；
　　　p——磁极对数。

而异步电动机的轴转速为

$$n = n_1(1-s) = \frac{60f_1}{p}(1-s)$$

式中，s为异步电动机的转差率，$s=(n_1-n)/n_1$。

可见，改变异步电动机的供电频率f_1，可以改变其同步转速n，实现调速运行。

任务实施

1. PLC控制原理图（图5-14）

2. 单机流程图

主程序流程图如图5-15所示，圆盘、皮带、颗粒上料程序流程图如图5-16所示，复位、装填吸取程序流程图如图5-17所示。

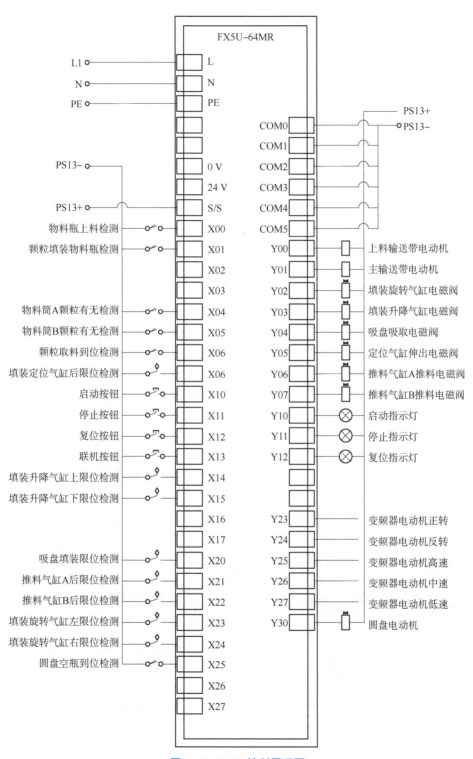

图 5-14　PLC 控制原理图

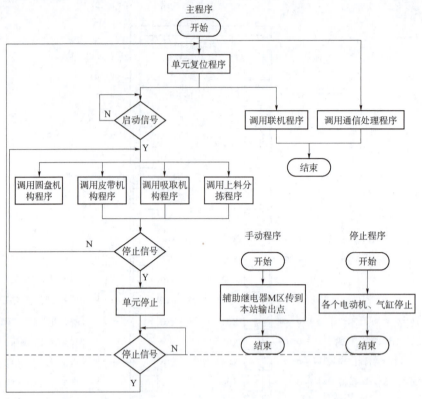

图 5-15　主程序流程图

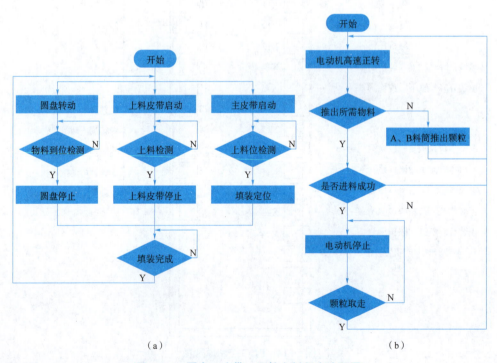

（a）　　　　　　　　　　　　　　　　（b）

图 5-16　圆盘、皮带、颗粒上料程序流程图

（a）圆盘、皮带机构程序；（b）颗粒上料程序

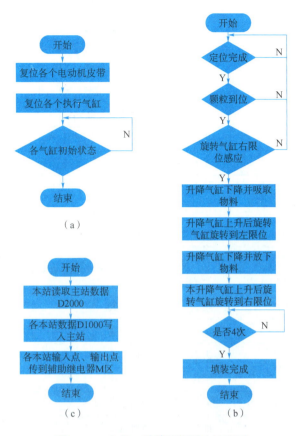

图 5-17　复位、装填吸取程序流程图

（a）复位程序；（b）填装吸取机构程序；（c）通信处理程序

3. I/O 功能分配表

颗粒上料单元 I/O 分配表如表 5-8 所示。

表 5-8　颗粒上料单元 I/O 分配表

序号	名称	功能描述
1	X00	上料传感器感应到空瓶，X00 闭合
2	X01	颗粒填装位感应到空瓶，X01 闭合
3	X04	检测到料筒 A 有物料，X04 闭合
4	X05	检测到料筒 B 有物料，X05 闭合
5	X06	输送带取料位感应到物料，X06 闭合
6	X07	填装定位气缸后限位感应，X07 闭合
7	X10	按下启动按钮，X10 闭合
8	X11	按下停止按钮，X11 闭合
9	X12	按下复位按钮，X12 闭合
10	X13	按下联机按钮，X13 闭合

续表

序号	名称	功能描述
11	X14	填装升降气缸上限位检测，X14 闭合
12	X15	填装升降气缸下限位检测，X15 闭合
13	X20	吸盘填装限位检测，X20 闭合
14	X21	推料气缸 A 后限位检测，X21 闭合
15	X22	推料气缸 B 后限位检测，X22 闭合
16	X23	填装旋转气缸左限位检测，X23 闭合
17	X24	填装旋转气缸右限位检测，X24 闭合
18	X25	圆盘空瓶到位检测，X25 闭合
19	Y00	上料输送带运行
20	Y01	主输送带运行
21	Y02	填装旋转气缸电磁阀
22	Y03	填装升降气缸电磁阀
23	Y04	吸盘吸取电磁阀
24	Y05	定位气缸伸出电磁阀
25	Y06	推料气缸 A 推料电磁阀
26	Y07	推料气缸 B 推料电磁阀
27	Y10	启动指示灯亮
28	Y11	停止指示灯亮
29	Y12	复位指示灯亮
30	Y23	变频电动机正转
31	Y24	变频电动机反转
32	Y25	变频电动机高速挡
33	Y26	变频电动机中速挡
34	Y27	变频电动机低速挡
35	Y30	圆盘电动机运行

4. 接口板端子分配表

桌面接口板 37 针分配表如表 5-9 所示。

表 5-9 桌面接口板 37 针分配表

接口板地址	线号	功能描述
XT3-0	X00	物料瓶上料检测
XT3-1	X01	颗粒填装到位检测

续表

接口板地址	线号	功能描述
XT3-4	X04	料筒 A 物料检测
XT3-5	X05	料筒 B 物料检测
XT3-6	X06	颗粒取料到位检测
XT3-7	X07	定位气缸后限位
XT3-8	X20	吸盘填装限位
XT3-9	X21	推料气缸 A 后限位
XT3-10	X22	推料气缸 B 后限位
XT3-11	X23	填装旋转气缸左限位
XT3-12	X24	填装旋转气缸右限位
XT3-13	X14	填装气缸上限位
XT3-14	X15	填装气缸下限位
XT3-15	X25	圆盘空瓶到位检测
XT2-0	Y00	上料输送带启停
XT2-1	Y01	主输送带启停
XT2-2	Y02	填装旋转气缸电磁阀
XT2-3	Y03	填装升降气缸电磁阀
XT2-4	Y04	吸盘吸取电磁阀
XT2-5	Y05	定位气缸电磁阀
XT2-6	Y06	推料气缸 A 电磁阀
XT2-7	Y07	推料气缸 B 电磁阀
XT2-8	Y30	圆盘电动机启停
XT1/XT4	PS13+（+24 V）	24 V 电源正极
XT5	PS13-（0 V）	24 V 电源负极

5. 调试步骤

1）上电前检查

（1）检查本单元实训台各机构是否松动、移位和损坏等现象，如发生此类现象及时调整和更换。

（2）对照接口板端子分配或者接线图，检查台面接线和网孔板接线是否正确，尤其要检查 24 V 电源、电气元件电源线等线路是否有短路、断路现象。

（3）接通气路，打开气源，手动控制电磁阀，确认各气缸和传感器的原始状态。

2）传感器部分调试

（1）光纤头：此光纤属于反射型，最大检测距离为 150 mm，安装时可以用导轨安装，先将导轨安装在零件上，再将光纤放大传感器固定在导轨上，如图 5-18 所示。

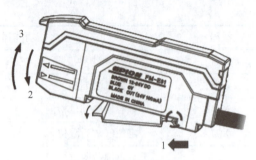

图 5-18　光纤安装图示

（2）光纤放大器：通过调节"模式/输出"和"设定值"来达成目的，该传感器面板介绍如图 5-19 所示。设定值的大小可以根据环境的变化、具体的要求来设定。但光纤头安装时应注意，光纤线严禁大幅的曲折。如校准移动的工件，在未放置工件的情况下按住"设置按钮（SET）"，当显示屏上"SET"闪烁时，令工件穿过感应区域，当工件完全穿过感应区域再松开"设置按钮（SET）"，如需微调设定值，按"灵敏度调节按钮"的加减进行调节；如需切换模式输出，按＊"【MODE】（模式）按钮"，再按加减按钮选择 L-ON（入光动作）或 D-ON（遮光动作），然后再按一次"【MODE】（模式）按钮"，即设置完成。

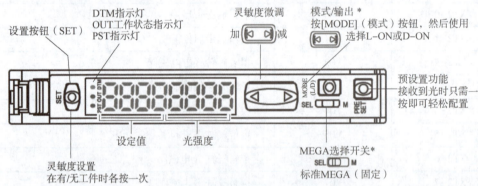

图 5-19　传感器面板介绍

（3）磁性开光的调节。

打开气源，待气缸在初始位置时，移动磁性开关的位置，调整气缸的缩回限位，待磁性开关点亮即可，如图 5-20 所示；再利用小一字螺丝刀对气动电磁阀的测试旋钮进行操作。按下测试旋钮，顺时针旋转 90°即锁住阀门，如图 5-20 所示，此时气缸处于伸出位置，调整气缸的伸出限位即可。

图 5-20　电磁阀测试、磁性开关调节

3）变频器 FR-D720S 的使用

（1）电源接线如图 5-21 所示。

图 5-21　变频器电源接线

（2）控制信号接线如图 5-22 所示。

图 5-22　变频器控制信号接线

（3）操作面板如图 5-23 所示。

图 5-23　操作面板

（4）参数配置，如表 5-10 所示。

表 5-10　参数配置

参数	出厂	设定	含义
Pr. 79	0	3	外部/PU 组合模式
Pr. 1	120 Hz	50 Hz	变频器输出频率上限值
Pr. 2	0	0	变频器输出频率下限值
Pr. 4	60 Hz	50 Hz	变频电动机高速
Pr. 5	30 Hz	30 Hz	变频电动机中速
Pr. 6	10 Hz	10 Hz	变频电动机低速

续表

参数	出厂	设定	含义
Pr. 7	5 s	0.1 s	加速时间
Pr. 8	5 s	0.1 s	减速时间

（5）如需设定其他参数，请参照变频器 FR-D700 使用手册。

4）物料填装机构的调试

（1）传感器调试：填装机构的上下、左右限位参考磁性开关的调节进行调试。吸盘填装时传感器检测位置为吸盘填装进入料瓶的 1/5 处，传感器能感应到的位置。

（2）物料填装机构位置调试：填装机构位置包括取料位和填装位，如图 5-24 所示。取料位应与循环输送带反转后物料停止位置一致，吸盘下行取料时应正对物料中心，如有偏差可以调整整个填装机构的位置（偏差较大时），也可以调节旋转气缸的调整螺钉（偏差较小时）。填装位为定位气缸顶住物料瓶，吸盘吸住的物料块正好在瓶口中心的正上方的位置，如有偏差可以调整整个填装机构的位置（偏差较大时），也可以调节旋转气缸的调整螺钉（偏差较小时），如图 5-24 所示。

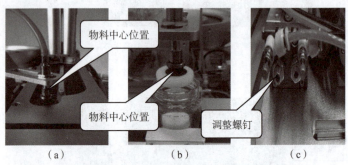

图 5-24　物料填装机构位置调试

（a）物料吸取位置；（b）物料放置位置；（c）旋转角度调整

5）颗粒上料机构的调试

（1）料筒物料传感器调试：传感器安装时要注意光纤头顶端与料筒内壁平齐，不能超出内壁。料筒没物料时，检测传感器没有输出；向料筒加入一个物料时，检测传感器要有输出。阈值可以通过放大器调节。

（2）在初始启动时，首先用颗粒物料将料筒填满料，不被选取物料数量为被选取物料数量的 1/6。在两条循环带上可以放置 1~8 个物料，不宜过多，如图 5-25 所示。

图 5-25　传感器、电磁阀位置图示

6）单机自动运行操作方法

（1）操作面板如图5-26所示。

图5-26　操作面板

（2）在确保接线无误后，松开"急停"按钮，按下"电源开"按钮，设备上电，绿色指示灯亮，按下"单机"按钮，对应指示灯亮，如图5-27所示。

图5-27　按下"电源形""单机"状态

（3）再按下"复位"按钮，指示灯亮，如图5-28所示。

图5-28　按下"复位"按钮状态

（4）复位成功后按"启动"按钮，启动指示灯亮，复位指示灯灭，设备开始运行，如图5-29所示。

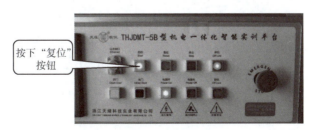

图5-29　按下"启动"按钮状态

7）联机自动运行操作方法

确认通信线连接完好，在上电复位状态下，按下"联机"按钮，联机指示灯亮，单机指示灯灭,进入联网状态,如图 5-30 所示。

图 5-30 按下"联机"状态

8) 自动开关门操作方法

(1) 确认电源连接完好,实训台底部线路平整,与门无阻挡,检查好后,按下"开门"按钮,门打开,照明灯亮,如图 5-31 所示。

图 5-31 开门状态

(2) 在开门状态下,按下"关门"按钮自动门关闭,照明灯熄灭,如图 5-32 所示。

图 5-32 关门状态

6. 颗粒上料单元气路图(图 5-33)

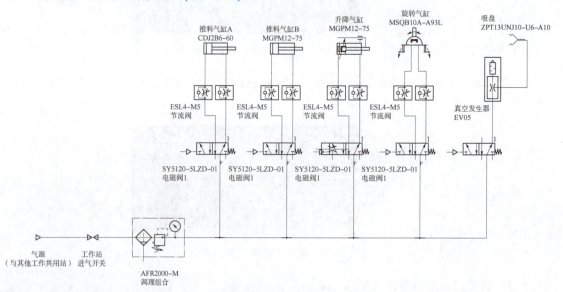

图 5-33 颗粒上料单元气路图

任务评价

任务评价表如表 5-11 所示。

表 5-11 任务评价表

序号	考核要点	项目（配分：100 分）	教师评分
1	会调试物料填充机构	20	
2	会调试颗粒上料机构	20	
3	会设置变频器参数	20	
4	会编写 PLC 程序	30	
5	劳动保护用品穿戴整齐；遵守操作规程；讲文明礼貌；操作结束要清理现场	10	
	得分		

任务 5.3　自动化生产线之加盖拧盖单元调试

【任务描述】

根据设备运行的要求，对加盖拧盖单元的加盖装置、拧盖装置进行调试，使整个单元能够正常运行。

【学前准备】

查阅资料了解三菱 PLC 步进指令的编写。

【学习目标】

(1) 明白功能图的特点和构成要素。
(2) 学会 PLC 的步进指令及用法。
(3) 具备利用步进指令编写和调试加盖拧盖单元程序的能力。

预备知识

在工业控制中，大部分的控制都属于顺序控制系统。生产机械在各个输入信号的作用下，按照生产工艺的规定，根据内部状态和时间的顺序，控制生产过程中各个执行机构自动有序地操作。对于较复杂的顺序控制系统，采用功能图设计方法编程，将会使程序更加形象直观，易于理解和应用。

1. 功能图的特点

功能图也称为状态转移图（简称 SFC），其功能是实现顺序步进控制。功能图中的状态是一步接着一步地执行，状态与状态之间由转移条件分隔，相邻两状态之间的转移条件得到满足时，就实现转移。即前一个状态执行了，才允许后一个状态可以发生，而一旦后一个状态执行，前一个状态将自动立即停止。因此，功能图的编制具有以下特点：

（1）功能图是将复杂的任务或整个控制过程分解成若干阶段，这些阶段称为状态。无论多复杂的过程都能分成各个小状态，有利于程序的结构化设计。

（2）相对于某一个具体的状态来说，控制任务实现了简化，给局部程序的编制带来了方便。

（3）整体程序就是局部状态程序的综合，只要弄清各状态成立的条件、状态转移的条件和转移的方向，就可以进行功能图程序的设计。

功能图的这一特点，使各个状态之间的关系就像是一环扣一环的链表，变得十分清晰，不相邻状态间的繁杂联锁关系将不复存在，只需集中考虑实现本状态的功能即可。

2. 功能图的构成要素

1) 状态步

将被控对象整个工作过程分为若干状态步。状态器 S 是构成步进顺控指令的重要元件，FX2N 系列 PLC 共有 1 000 个状态 S0～S999，功能图中均用不同的 S 序列号表示各个状态步。需要注意的是，功能图编制开始要确定初始步（状态）。初始状态是指一个顺序控制过程最开始的状态，由状态器 S0～S9 表示，有几个初始状态，就有几个相对独立的状态系列。一个控制系统必须有一个初始步，初始步可以没有具体要完成的动作，它对应于功能图起始位置，用双线框表示。首次开始运行时，初始状态必须用其他方法预先驱动，使它处于工作状态，否则状态流程就不可能进行。通常利用系统的初始脉冲 M8002 来驱动初始状态，如图 5-34 所示。

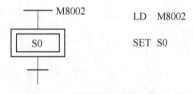

图 5-34 初始状态与指令语句

（1）驱动目标（负载）。

驱动目标（负载）即每个状态下确定其相应的动作。驱动目标软继电器包括 Y、T、C、M 等，可以是一个或多个，由状态器 S 直接驱动，也可由各种软继电器触点的逻辑组合来驱动。

（2）转移条件。

在有向线段上用一个或多个小短线表示一个或多个转移条件，要视其具体逻辑关系进行串、并逻辑组合。当条件得以满足时，可以实现由前一状态步"转移"到下一状态步。为了确保控制系统严格地按照顺序执行，步与步之间必须有转移条件。

（3）有向线段

状态与状态间用有向线段连接，表示功能图控制的工作流程。当系统的控制顺序是从上向下时，可以不标注箭头，若控制顺序从下向上时，必须要标注箭头。控制系统结束时一般要有返回状态，若返回到初始状态，则实现一个工作周期的控制。

3. 功能图设计举例

功能图法设计程序时，通常按状态分配、状态输出、状态转移三个步骤完成。以运料小车控制为例来说明功能图的编制方法。如图 5-35 所示送料小车工作示意图。运料小车在 A、B 两地之间正向启动（前进）和反向启动（后退）运行，HL 为小车运行指示灯，在 A、B 两地分别装有限位开关 SQ1、SQ2。

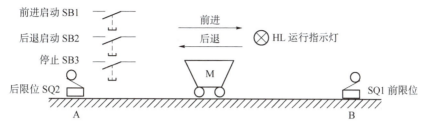

图 5-35　送料小车工作示意图

设计 PLC 控制运料小车的运行，控制要求如下：

在初始状态下，按下启动按钮 SB1，小车前进至 B 点。限位开关 SQ1 动作，小车暂停 10 s。10 s 后，小车自动后退至 A 点，限位开关 SQ2 动作，运料小车又开始前进，如此循环工作。若小车发生过载，则不允许启动；小车运行时，运行指示灯亮。

1）画出状态流程图

（1）状态分配。

将运料小车整个工作过程分解成各个独立的状态步，其中的每一步对应一个具体的工作状态，并分配相应状态器 S 的编号。如表 5-12 第 1 列所示，确定初始步及三个相应的工作状态步。

（2）状态输出。

状态输出要明确每个状态下的负载驱动与功能，如表 5-12 第 2 列所示。其中，Y0 控制运行指示灯，Y1、Y2 分别控制小车的前进和后退，T0 定时器控制小车停止在 B 点的时间。

表 5-12　PLC 控制运料小车的状态表

状态分配		状态输出	状态转移
初始步：原位	S0	无输出，PLC 初始化	$X0 \cdot \overline{X5}$：S0→S20
第 1 步：前进	S20	Y1、Y0 输出：小车前进、运行指示灯亮	X3：S20→S21
第 2 步：停止	S21	T0 计时：小车停止	T0：S21→S22
第 3 步：后退	S22	Y2、Y0 输出：小车后退、运行指示灯亮	X4：S22→S20

（3）状态转移。

状态转移是要明确状态转移的条件和状态转移的方向，如表 5-12 第 3 列所示。当转移条件 X0 与 $\overline{X5}$ 成立时，即按下启动按钮 SB1 且小车没有发生过载时，状态从初始步 S0 转移到 S20，运料小车开始前进，以此类推。最后当 X4 转移条件成立时，即小车碰到 SQ2 后限位开关，状态从 S22 转移到 S20，运料小车进入下一个工作周期。

按照以上三个步骤的分析结果，依次画出功能图，如图 5-36 所示。也可以通过文字叙述的方法，先通过画出状态描述流程图，然后再用相应的状态器、输入输出继电器等来替换，如图 5-37 所示。

注意：在图 5-36 中出现了两个输出继电器 Y0。由功能图的功能特点可知，状态器 S

实现步进控制,即当后一个状态器 S 动作,前一个状态器 S 便自动复位,因此在采用功能图设计程序中允许双线圈输出。如果相邻状态驱动同一个负载时,可以用 SET 指令将其置位,等到该负载无须驱动时,再用 RST 指令将其复位。

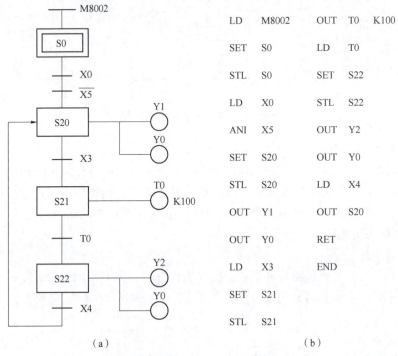

图 5-36　运料小车功能图与指令语句

(a) 功能图；(b) 指令语句

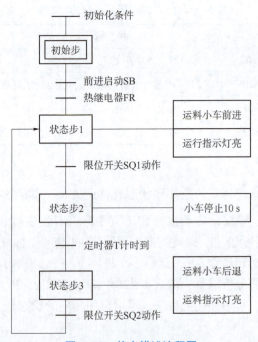

图 5-37　状态描述流程图

2）步进指令与功能图的转换

FX 系列 PLC 有两条步进指令 STL 和 RET。

STL，用于状态器的常开触点与主母线的连接，梯形图中 STL 触点是用两个小矩形组成的常开触点表示，即"▯▯"。STL 触点闭合后，与此相连的电路就可以执行。在 STL 触点断开后，与此相连的电路停止执行。STL 步进指令仅对状态器 S 有效，状态器 S 也可以作为一般辅助继电器使用。

RET，用于步进触点返回主母线。STL 和 RET 配合使用，这是一对步进指令。在一系列步进指令 STL 后，加上 RET 指令，表明步进指令功能结束。

3）步进指令编程规则

（1）初始状态的编程。初始状态必须用其他方法预先驱动，一般利用 M8002 特殊辅助继电器来驱动，也可以用其他输入启动设备来驱动。由于状态器 S 具有断电保持功能，因此，可采用下面的编程方法进行初始化处理，如图 5-38 所示。

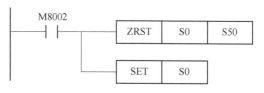

图 5-38 初始化编程处理

ZRST 是区间复位功能指令，后面两个操作数表示复位的对象和区间，其操作的对象可以是 Y、M、S、T、C、D 软继电器。图 5-38 中当 M8002 闭合，则执行区间复位操作，即 S0~S50 间的所有状态器全部复位，状态为 0。

（2）STL 触点（状态器 S）本身只能用 SET 指令驱动。

（3）凡是与状态器的步进触点相连的第一触点，要用取指令（LD、LDI）。

（4）编程时先进行状态下的驱动处理，再进行转移条件的处理。

（5）状态的顺序转移用 SET 指令，状态跳转（非连续转移）用 OUT 指令。

4）功能图、步进梯形图与指令语句的转换

由功能图转换步进梯形图时，在梯形图中引入状态器的步进触点（双矩形框表示的触点）和步进返回指令 RET 后，就可以转换成相应的步进梯形图和指令语句，如图 5-39 所示。

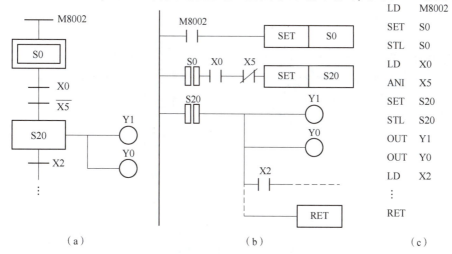

图 5-39 功能图转换为梯形图和指令语句

(a) 功能图；(b) 步进梯形图；(c) 指令语句

任务实施

1. PLC 控制原理图（图 5-40）

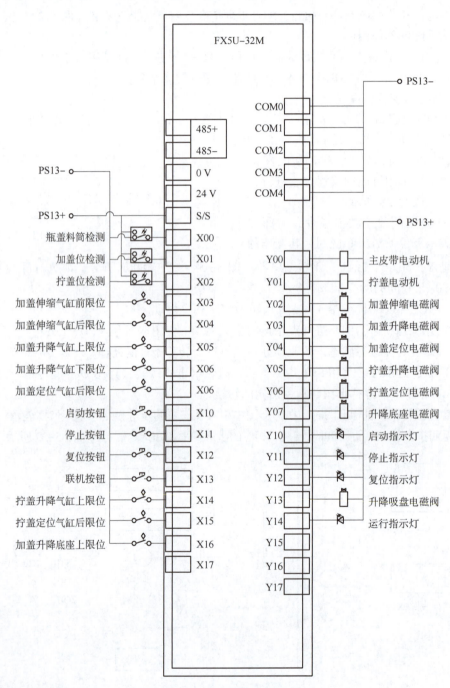

图 5-40 PLC 控制原理图

2. 单机流程图

主程序流程图如图 5-41 所示，通信处理程序流程图如图 5-42 所示，复位程序流程图如图 5-43 所示，皮带机构程序流程图如图 5-44 所示，加盖程序流程图如图 5-45 所示，拧盖程序流程图如图 5-46 所示。

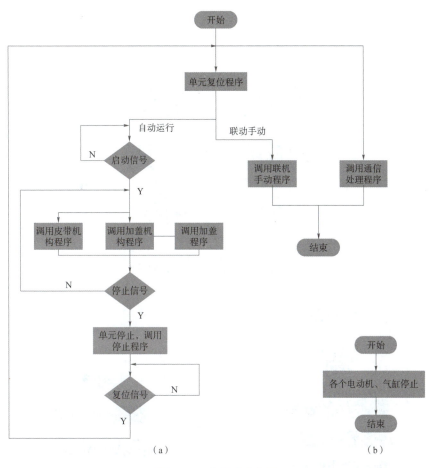

图 5-41 主程序流程图

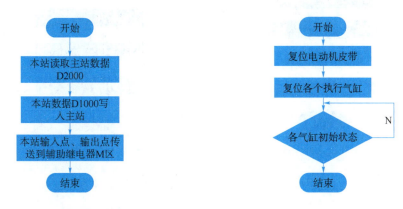

图 5-42 通信处理程序流程图　　　图 5-43 复位程序流程图

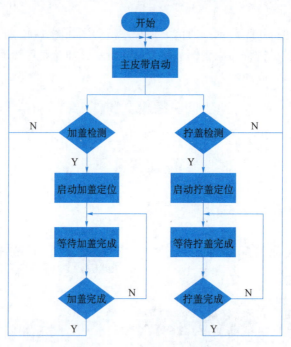

图 5-44 皮带机构程序流程图

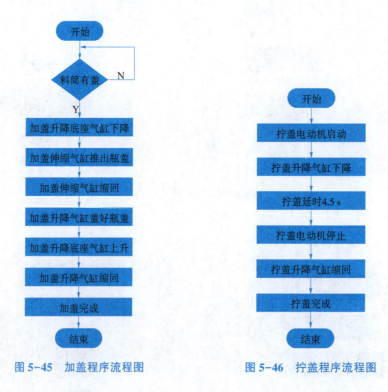

图 5-45 加盖程序流程图　　　图 5-46 拧盖程序流程图

3. I/O 功能分配表

加盖拧盖单元 I/O 分配表，如表 5-13 所示。

表 5-13 加盖拧盖单元 I/O 分配表

序号	名称	功能描述
1	X00	瓶盖料筒感应到瓶盖，X00 闭合
2	X01	加盖位传感器感应到物料，X01 闭合
3	X02	拧盖位传感器感应到物料，X02 闭合
4	X03	加盖伸缩气缸伸出前限位感应，X03 闭合
5	X04	加盖伸缩气缸缩回后限位感应，X04 闭合
6	X05	加盖升降气缸上限位感应，X05 闭合
7	X06	加盖升降气缸下限位感应，X06 闭合
8	X07	加盖定位气缸后限位感应，X07 闭合
9	X10	按下启动按钮，X10 闭合
10	X11	按下停止按钮，X11 闭合
11	X12	按下复位按钮，X12 闭合
12	X13	按下联机按钮，X13 闭合
13	X14	拧盖升降气缸上限位感应，X14 闭合
14	X15	拧盖定位气缸后限位感应，X15 闭合
15	X16	加盖升降底座上限位感应，X16 闭合
16	Y00	Y00 闭合，加盖拧盖皮带运行
17	Y01	Y01 闭合，拧盖电动机运行
18	Y02	Y02 闭合，加盖伸缩气缸伸出
19	Y03	Y03 闭合，加盖升降气缸下降
20	Y04	Y04 闭合，加盖定位气缸伸出
21	Y05	Y05 闭合，拧盖升降气缸下降
22	Y06	Y06 闭合，拧盖定位气缸伸出
23	Y07	Y07 闭合，升降底座下降
24	Y10	Y10 闭合，启动指示灯亮
25	Y11	Y11 闭合，停止指示灯亮
26	Y12	Y12 闭合，复位指示灯亮
27	Y13	Y13 闭合，升降吸盘吸气
28	Y14	Y14 闭合，运行指示灯亮

4. 接口板端子分配表

桌面接口板（37针端子接口板）端子分配如表5-14所示。

表5-14 桌面接口板（37针端子接口板）端子分配

接口板地址	线号	功能描述
XT3-0	X00	瓶盖料筒检测传感器
XT3-1	X01	加盖位检测传感器
XT3-2	X02	拧盖位检测传感器
XT3-3	X03	加盖伸缩气缸前限位
XT3-4	X04	加盖伸缩气缸后限位
XT3-5	X05	加盖升降气缸上限位
XT3-6	X06	加盖升降气缸下限位
XT3-7	X07	加盖定位气缸后限位
XT3-12	X14	拧盖升降气缸上限位
XT3-13	X15	拧盖定位气缸后限位
XT3-14	X16	加盖升降底座上限位
XT2-0	Y00	加盖拧盖皮带启停
XT2-1	Y01	拧盖电动机启停
XT2-2	Y02	加盖伸缩气缸电磁阀
XT2-3	Y03	加盖升降气缸电磁阀
XT2-4	Y04	加盖定位气缸电磁阀
XT2-5	Y05	拧盖升降气缸电磁阀
XT2-6	Y06	拧盖定位气缸电磁阀
XT2-7	Y07	升降底座气缸电磁阀
XT2-7	Y13	吸盘吸气电磁阀
XT1/XT4	PS13+（24 V）	24 V电源正极
XT5	PS13-（0 V）	24 V电源负极

5. 调试步骤

1）上电前检查

（1）观察机构上各元件外表是否有明显移位、松动或损坏等现象，如果存在以上现象，及时调整、紧固或更换元件。

（2）对照接口板端子分配表或接线图检查桌面和挂板接线是否正确，尤其要检查24 V电源，电气元件电源线等线路是否有短路、断路现象。

（3）接通气路，打开气源，手动控制电磁阀，确认各气缸及传感器的原始状态。

2）传感器部分调试

此部分的调试请参照颗粒上料单元相关部分的调试进行。

3）加盖装置的调试

将一个无盖的物料瓶放在加盖位，如图5-47所示，锁住加盖定位气缸电磁阀，调整加盖伸缩与升降气缸安装位置，保证瓶盖垂直压在物料瓶正中心。调整各个气缸磁性开关的位置，加盖装置调试完成。

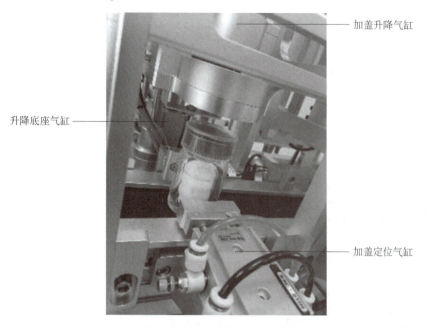

图 5-47　加盖装置气缸示意

4）拧盖装置的调试

将一个加盖完成的物料瓶放在拧盖位，如图 5-48 所示，锁住拧盖定位气缸电磁阀，调整拧盖升降气缸的高度，保证气缸能在有效的行程内拧紧瓶盖。手动启动拧盖电动机，根据电动机的转速与物料瓶螺纹的高度，估算出拧紧瓶盖所需要的时间，拧盖装置调试完成。

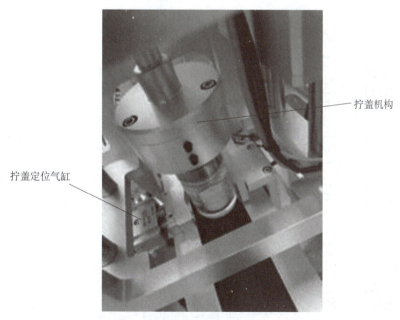

图 5-48　拧盖装置

6. 加盖拧盖单元气路图（图5-49）

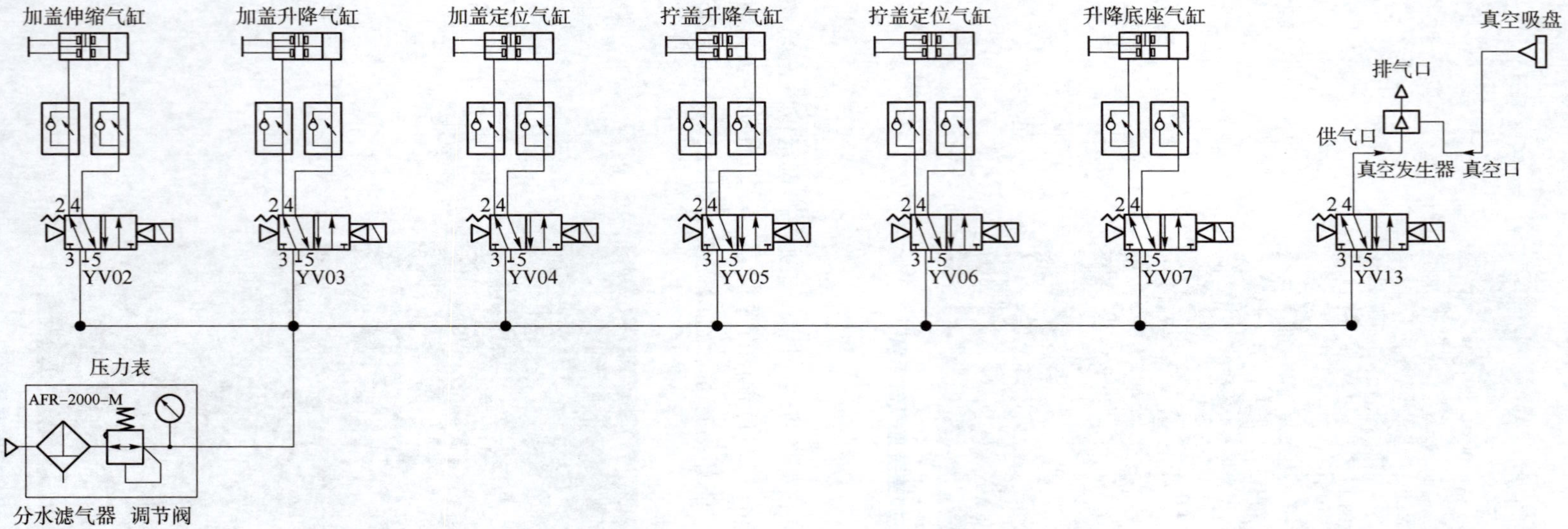

图 5-49 加盖拧盖单元气路图

任务评价

任务评价表如表 5-15 所示。

表 5-15 任务评价表

序号	考核要点	项目（配分：100 分）	教师评分
1	会功能图的画法	25	
2	会 PLC 步进指令及用法	25	
3	会编写 PLC 程序	20	
4	会调试加盖装置	10	
5	会调试拧盖装置	10	
6	劳动保护用品穿戴整齐；遵守操作规程；讲文明礼貌；操作结束要清理现场	10	
	得分		

任务 5.4　自动化生产线之检测分拣单元调试

【任务描述】

根据设备运行的要求，对检测分拣单元的传感器、按钮板、自动流程进行调试，使整个单元能够正常运行。

【学前准备】

查阅资料了解传感器的基本知识。

【学习目标】

（1）掌握检测分拣单元控制系统的硬件组成。
（2）掌握红外传感器和光纤传感器的性能和使用方法。
（3）掌握检测分拣单元检测方法。
（4）掌握检测分拣单元控制系统的 PLC 软件组成模块及编程思想。

【预备知识】

1. 传感器的基本知识

传感器是指能感受规定被测量，并按照一定的规律转换成可用输出信号的器件或装置。

1）传感器的分类

传感器的种类繁多，功能各异。由于同一被测量物体可用不同转换原理实现探测，利用同一种物理法则、化学反应或生物效应可设计制作出检测不同被测量物体的传感器，而功能大同小异的同一类传感器可用于不同的技术领域，因此传感器有不同的分类方法。具体分类如表 5-16 所示。

表 5-16　传感器的分类

分类方法	传感器的种类	说明
按依据的效应分类	物理传感器	基于物理效应
	化学传感器	基于化学效应
	生物传感器	基于生物效应
按输入量分类	速度传感器、位移传感器、温度传感器、压力传感器、气体成分传感器和浓度传感器等	传感器以被测量的物理量命名
按工作原理分类	应变传感器、电容传感器、电感传感器、电磁传感器、压电传感器、热电传感器等	传感器以工作原理命名
按输出信号分类	模拟式传感器	输出为模拟量
	数字式传感器	输出为数字量
按能量关系分类	能量转换型传感器	直接将被测量的能量转换为输出量的能量
	能量控制型传感器	由外部供给传感器能量，而由被测量的能量控制输出量的能量
按是否依靠外加能源分类	有源传感器	传感器工作时需外加电源
	无源传感器	传感器工作时无须外加电源
按使用的敏感材料分类	半导体传感器、陶瓷传感器、金属传感器、光纤传感器等	传感器以使用的敏感材料命名

2）传感器的结构和符号

（1）传感器的结构。

传感器通常由敏感元件、转换元件及转换电路组成。敏感元件是指传感器中能直接感受（或响应）被测量的部分，转换元件是能将感受到的非电量直接转换成电信号的器件或元件，转换电路是对电信号进行选择、分析、放大，并转换为需要的输出信号等的信号处理电路。尽管各种传感器的组成部分大体相同，但不同种类的传感器的外形结构都不尽相同。机电一体化设备常用传感器的外形如图 5-50 所示。

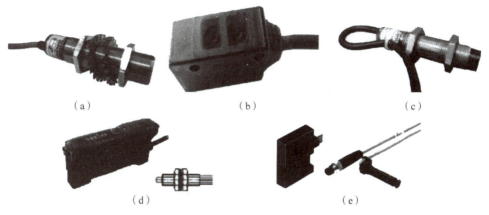

图 5-50　机电一体化设备常用传感器的外形

（a）电容传感器；（b）电感传感器；（c）光电传感器；（d）光纤传感器；（e）霍尔传感器

（2）传感器的图形符号。

不同种类的传感器的图形符号也有一些差别，根据其结构和使用电源种类的不同，有直流两线制、直流三线制、直流四线制、交流两线制和交流三线制传感器。表 5-17 所示为部分传感器的图形符号。

表 5-17　部分传感器的图形符号

图形符号	说明	图形符号	说明
	接近传感器		磁铁接近动作的接近开关动合触点
	接近传感器器件方框符号操作方法可以表示出来，示例：固体材料接近时改变电容的接近检测器		铁接近动作的接近开关动断触点
	接近开关动合触点		光电开关动合触点

3）传感器的工作原理

（1）电容传感器的工作原理。

电容传感器的感应面由两个同轴金属电极构成。这两电极构成一个电容，串接在 RC 振荡回路内。电源接通，当电极附近没有物体时，电器容量小，不能满足振荡条件，RC 振荡器不振荡；当有物体朝着电容器的电极靠近，电容器的容量增加，振荡器开始振荡。通过后级电路的处理，将不振荡和振荡两种号转换成开关信号，从而起到了检测有无物体接近的目的。这种传感器既能检测金属物体，又能检测非金属物体。它对金属物体可以获得最大的动作距离，而对非金属物体，动作距离的决定因素之一是材料的介电常数。材料的介电常数越大，可获得的动作距离越大。材料的面积对动作距离也有一定影响。大多数电容传感器的动作距离都可通过其内部的电位器进行调节、设定。

（2）光电传感器（光电开关）。

光电传感器是通过把光强度的变化转换成电信号的变化来实现检测的。光电传感器一般情况下由发射器、接收器和检测电路三部分构成。发射器对准物体发射光束，发的光束一般来源于发光二极管和激光二极管等半导体光源。光束不间断地发射或者变脉冲宽度。接收器由光电二极管或光电三极管组成，用于接收发射器发出的光线。测电路用于滤出有效信号。常用的光电传感器又可分为漫反射式、反射式、对射式等，它们中大多数的动作距离都可以调节。

漫反射式光电传感器：集发射器与接收器于一体，在前方无物体时，发射器发出的光不会被接收器接收，开关不动作，如图 5-51（a）所示。当前方有物体时，接收器就能接收到物体反射回来的部分光线，通过检测电路产生电信号输出使开关动作，如图 5-51（b）所示。漫反射式光电传感器的有效作用距离是由目标的反射能力决定的，即由目标表面的性质和颜色决定。

反射式光电传感器：也是集发射器与接收器于一体，与漫反射式光电传感器不同的是其前方装有一块反射板。当反射板与发射器之间没有物体遮挡时，接收器可以接收到光线，开关不动作，如图 5-52（a）所示。当被测物体遮挡住反射板时，接收器无法接收到发射器发出的光线，传感器产生输出，开关动作，如图 5-52（b）所示。这种光电传感器可以辨别不透明的物体，借助反射镜部件，形成较大的有效距离范围，且不易受干扰，可以可靠地用于野外或者粉尘污染较严重的环境中。

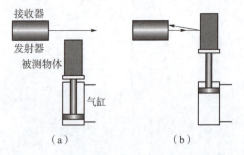

图 5-51　漫反射式光电传感器工作原理示意图
（a）无检测信号；（b）有检测信号

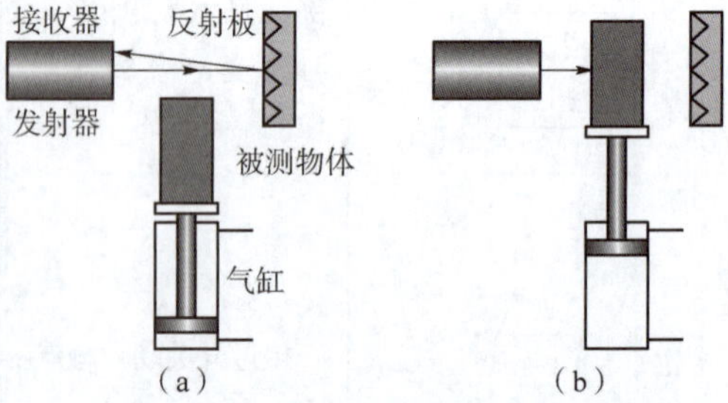

图 5-52　反射式光电传感器工作原理示意图
（a）无检测信号；（b）有检测信号

对射式光电传感器：对射式光电传感器的发射器和接收器是分离的。在发射器与接收器之间如果没有物体遮挡，发射器发出的光线能被接收器接收，开关不动作，如图5-53（a）所示。当有物体遮挡时，接收器接收不到发射器发出的光线，传感器产生输出信号，开关动作，如图5-53（b）所示。这种光电传感器能辨别不透明的反光物体，有效距离大。因为发射器发出的光束只跨越感应距离一次，所以不易受干扰，可以可靠地用于野外或者粉尘污染较严重的环境中。

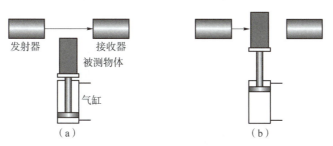

图5-53 对射式光电传感器工作原理示意图
（a）无检测信号；（b）有检测信号

光纤式光电传感器：又称光电传感器，它利用光导纤维进行信号传输。光导纤维是利用光的完全内反射原理传输光波的一种介质，它由高折射率的纤芯和包层组成。包层的折射率小于纤芯的折射率，直径为0.1~0.2 mm。当光线通过端面透入纤芯，在到达与包层的交界面时，由于光线的完全内反射，光线反射回纤芯层。这样经过不断地反射，光线就能沿着纤芯向前传播且只有很小的衰减。光纤式光电传感器就是把发射器发出的光线用光导纤维引导到检测点，再把检测到的光信号用光纤引导到接收器来实现检测的。按动作方式的不同，光纤传感器也可分成对射式、漫反射式等多种类型。光纤传感器可以实现被检测物体在较远区域的检测。由于光纤损耗和光纤色散的存在，在长距离光纤传输系统中，必须在线路适当位置设立中级放大器，以对衰减和失真的光脉冲信号进行处理及放大。

（3）磁感应式传感器。

磁感应式传感器是利用磁性物体的磁场作用来实现对物体感应的，它主要有霍尔传感器和磁性传感器两种。

产生电位差，这种现象称为霍尔效应。霍尔元件是一种磁敏元件，用霍尔元件做成的传感器称为霍尔传感器，也称为霍尔开关。当磁性物体移近霍尔开关时，开关检测面上的霍尔元件因产生霍尔效应而使开关内部电路状态发生变化，由此识别附近有磁性物体的存在，并输出信号。这种接近开关的检测对象必须是磁性物体。

磁性传感器：又称磁性开关，是液压与气动系统中常用的传感器。磁性开关可以直接安装在气缸缸体上，当带有磁环的活塞移动到磁性开关所在位置时，磁性开关内的两个金属簧片在磁环磁场的作用下吸合，发出信号。当活塞移开，磁场离开金属簧片，触点自动断开，信号切断。通过这种方式可以很方便地实现对气缸活塞位置的检测。

任务实施

1. PLC 控制原理图（图 5-54）

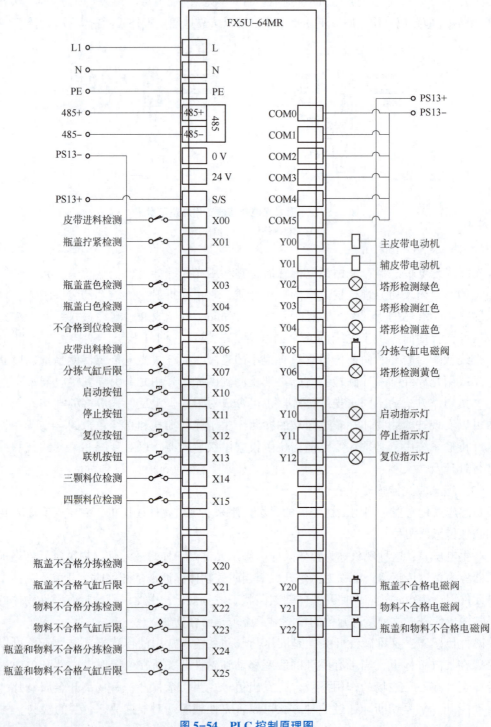

图 5-54　PLC 控制原理图

2. 单机流程图

程序流程如图 5-55 和图 5-56 所示。

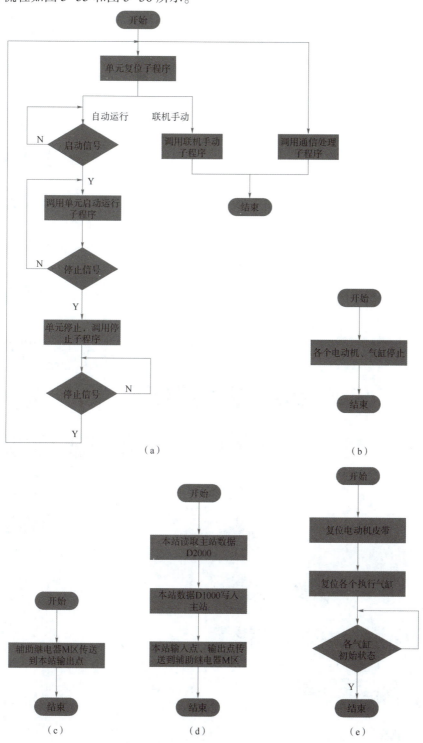

图 5-55 程序流程 I

(a) 主程序；(b) 停止子程序；(c) 手动子程序；(d) 通信处理子程序；(e) 复位子程序

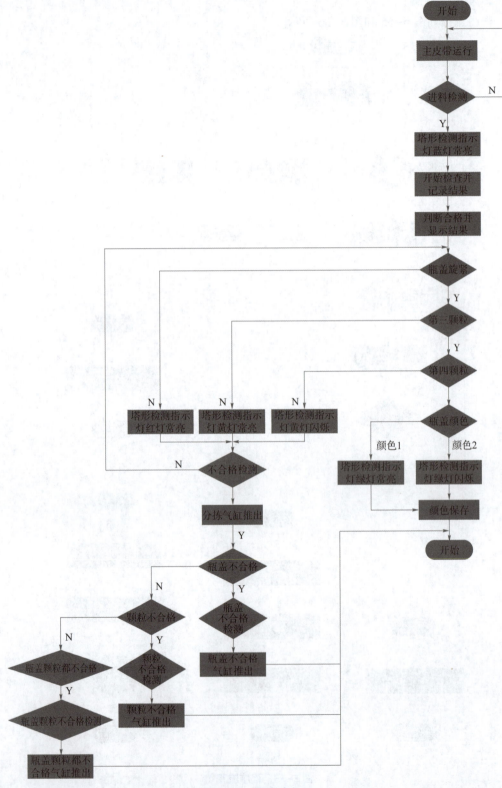

图 5-56　程序流程 Ⅱ

3. I/O 功能分配表

检测分拣单元 I/O 分配如表 5-18 所示。

表 5-18 检测分拣单元 I/O 分配

序号	名称	功能描述
1	X00	进料检测传感器感应到物料，X00 闭合
2	X01	瓶盖拧紧检测传感器感应到瓶盖，X01 闭合
3	X03	瓶盖颜色检测传感器感应到颜色1，X03 闭合
4	X04	瓶盖颜色检测传感器感应到颜色2，X04 闭合
5	X05	不合格到位检测传感器感应到物料，X05 闭合
6	X06	出料检测传感器感应到物料，X06 闭合
7	X07	分拣气缸退回限位感应，X07 闭合
8	X10	按下启动按钮，X10 闭合
9	X11	按下停止按钮，X11 闭合
10	X12	按下复位按钮，X12 闭合
11	X13	按下联机按钮，X13 闭合
12	X14	三颗料位检测
13	X15	四颗料位检测
14	X20	瓶盖不合格分拣检测传感器感应到物料，X20 闭合
15	X21	瓶盖不合格气缸退回限位感应，X21 闭合
16	X22	物料不合格分拣检测传感器感应到物料，X22 闭合
17	X23	物料不合格气缸退回限位感应，X23 闭合
18	X24	瓶盖和物料都不合格分拣检测传感器感应到物料，X24 闭合
19	X25	瓶盖和物料都不合格气缸退回限位感应，X25 闭合
20	Y00	Y00 闭合，主皮带运行
21	Y01	Y01 闭合，辅皮带运行
22	Y02	Y02 闭合，塔形检测指示灯绿灯常亮
23	Y03	Y03 闭合，塔形检测指示灯红灯常亮
24	Y04	Y04 闭合，塔形检测指示灯蓝灯常亮
25	Y05	Y05 闭合，分拣气缸伸出
26	Y06	Y06 闭合，塔形检测指示灯黄灯常亮
27	Y10	Y10 闭合，启动指示灯亮
28	Y11	Y11 闭合，停止指示灯亮
29	Y12	Y12 闭合，复位指示灯亮

续表

序号	名称	功能描述
30	Y20	Y20 闭合，瓶盖不合格检测气缸伸出
31	Y21	Y21 闭合，物料不合格检测气缸伸出
32	Y22	Y22 闭合，瓶盖和物料不合格检测气缸伸出
33	Y26	变频电动机中速挡
34	Y27	变频电动机低速挡
35	Y30	圆盘电动机运行

4. 接口板端子分配表

桌面接口板 CN310（37 针接口板）端子分配如表 5-19 所示。

表 5-19　桌面接口板 CN310（37 针接口板）端子分配

接口板地址	线号	功能描述
XT3-0	X00	瓶盖料筒检测传感器
XT3-1	X01	加盖位检测传感器
XT3-2	X02	拧盖位检测传感器
XT3-3	X03	加盖伸缩气缸前限位
XT3-4	X04	加盖伸缩气缸后限位
XT3-5	X05	加盖升降气缸上限位
XT3-6	X06	加盖升降气缸下限位
XT3-7	X07	加盖定位气缸后限位
XT3-12	X14	拧盖升降气缸上限位
XT3-13	X15	拧盖定位气缸后限位
XT3-14	X16	加盖升降底座上限位
XT2-0	Y00	加盖拧盖皮带启停
XT2-1	Y01	拧盖电动机启停
XT2-2	Y02	加盖伸缩气缸电磁阀
XT2-3	Y03	加盖升降气缸电磁阀
XT2-4	Y04	加盖定位气缸电磁阀
XT2-5	Y05	拧盖升降气缸电磁阀
XT2-6	Y06	拧盖定位气缸电磁阀
XT2-7	Y07	升降底座气缸电磁阀
XT2-7	Y13	吸盘吸气电磁阀
XT1/XT4	PS13+（24 V）	24 V 电源正极
XT5	PS13-（0 V）	24 V 电源负极

5. 调试步骤

1）上电前检查

（1）观察机构上各元件外表是否有明显移位、松动或损坏等现象，如果存在以上现象，及时调整、紧固或更换元件。

（2）对照接口板端子分配表或接线图检查桌面和挂板接线是否正确，尤其要检查 24 V 电源，电气元件电源线等线路是否有短路、断路现象。

（3）接通气路，打开气源，手动控制电磁阀，确认各气缸及传感器的原始状态。

2）传感器部分调试

（1）光纤传感器的调试请参照颗粒上料单元相关部分的调试进行。

（2）瓶盖拧紧检测传感器。

通过使用小号一字螺丝刀可以调整传感器极性和敏感度。本单元要求强度根据实际情况调节，如图 5-57 所示，然后调节传感器上下位置，要求安装比正常拧紧的物料瓶高 1 mm 左右，确保当拧紧瓶盖的物料瓶通过时未遮挡光路；未拧紧瓶盖的物料瓶通过时能够遮挡传感器的反射光路准确无误动作，并输出信号，判断结果输给 PLC 进行处理并由状态指示灯根据处理结果进行不同显示，如图 5-58 所示。

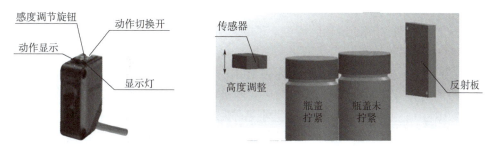

图 5-57　传感器调整　　　　图 5-58　瓶盖拧紧与未拧紧状态

（3）气缸配套磁性开关。

磁性开关安装于分拣气缸的后限位，本单元要求调节后限位的位置，确保在气缸收回时能够准确感应到，并输出信号，如图 5-59 所示。

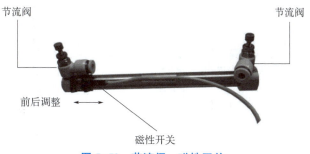

图 5-59　节流阀、磁性开关

（4）调节节流阀。

控制进出气大小，调节气缸至最佳运动状态，如图 5-59 所示。

（5）颗粒数量检测传感器。

传感器为两对对射式光纤传感器，当物料瓶经过塔形检测装置时检测瓶里物料的数量，判断结果输出给 PLC 进行处理并由状态指示灯根据处理结果进行不同显示。安装时应保证在同一水平上，不能有错位。如果检测有失误请根据情况调整相应的传感器，如图 5-60 所示。

（6）瓶盖颜色检测传感器。

传感器为两组反射式光纤传感器，当物料瓶经过塔形检测装置时检测物料瓶的瓶盖颜色，判断结果输给 PLC 进行处理并由状态指示灯根据处理结果进行不同显示，如图 5-60 所示。

图 5-60　瓶盖颜色检测传感器

（7）光电传感器的调试请参照颗粒上料单元相关部分的调试进行。

（8）RFID 读写器。

RFID 为一款基于射频识别技术的高频 RFID 标签读卡器，可采用 POE 直流 24 V 供电，读卡距离为 0~100 mm，通信接口为以太网接口。上电后 RFID 状态指示灯红灯常亮，检测到有效 RFID 标签后绿灯常亮，通过网线成功连接电脑或 PLC 后通信状态指示灯绿灯常亮。可以对 RFID 标签进行读写，当带有 RFID 标签的物料瓶经过 RFID 读卡器时，会响应 PLC 发送读写数据命令获取电子标签数据，读写数据成功后，回复相关数据到 PLC 端，如图 5-61 所示。

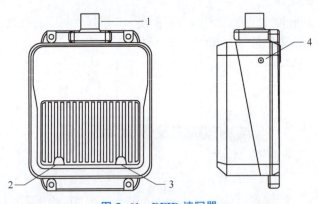

图 5-61　RFID 读写器

1—读卡器电缆接头 M12；2—通信状态指示灯；3—RFID 状态指示灯；4—外壳接地端

本单元使用的 RFID 通过 ModBus TCP 协议命令进行通信，其对 ModBus TCP 协议命令的支持如下：0x03——读寄存器命令；0x06——写单个寄存器；0x10——写多个寄存器。

具有可配置的回复格式：错误码回复——操作标签时如果读写数据失败返回 83H 和

90H+错误码；正确回复——操作标签时如果读失败返回数据 0，但是要通过判断寄存地址 1 的状态确定数据有效。

RFID 寄存器地址分配与功能如表 5-20 所示。

表 5-20　RFID 寄存器地址分配与功能

寄存器地址	寄存器名称	寄存器功能	R/W 特性
0x0000	系统信息寄存器	用于指示固件版本号和系统错误状态位	R
0x0001	标签读写状态寄存器	用于指示标签有效位、读完成、写完成位等	R
0x0002~0x0009	保留	暂未使用读是 0	R
0x000A~0x000D	标签 UID	获取标签的 UID 码	R
0x000E…	标签数据区	标签数据区跟标签空间有关	RW

系统信息寄存器用于保存读卡器固件版本号以及错误信息如表 5-21、表 5-22 所示。

表 5-21　读卡器固件版本号以及错误信息

bit15~bit8	bit7~bit0
保存版本号	表示系统错误信息

系统错误信息：代表系统异常状态断电才允许清零，否则要一直保持。

表 5-22　系统错误信息

错误代码（bit7~bit0）	错误内容
0x01	保留
0x02	看门狗复位
0x03	保留
0x04	保留

标签读写状态寄存器用于记录操作成功状态，标签离开后自动清零。标签有效位：0 表示电子标签不存在，1 表示读到有效标签。读操作成功：0 表示读数据失败，1 表示读数据成功；写操作成功：0 表示写数据失败，1 表示写数据成功；如表 5-23 所示。

表 5-23　标签读写状态

bit2	bit1	bit0
写操作成功	读操作成功	标签有效位

RFID 读 UID 流程如图 5-62 所示。

RFID 读电子标签数据区流程如图 5-63 所示。

RFID 写标签数据流程如图 5-64 所示。

（9）视觉传感器。

选配的视觉传感器为直流 24 V 供电，镜头焦距 6 mm，检测距离 20~300 mm，自带光源，通信接口为以太网接口。通过相机自带软件可对相机参数、通信方式、IP 地址、方案名称等进行设置。可以对瓶盖进行颜色或内容的识别并将结果发送给 PLC 进行记录保存。

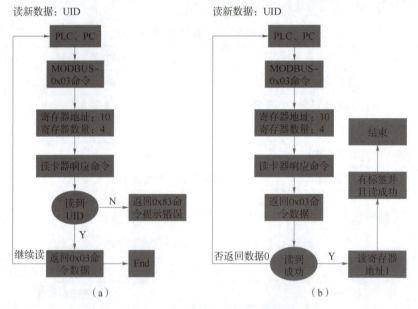

图 5-62　RFID 读 UID 流程图
（a）错误码方式回复；（b）数据为 0 返回

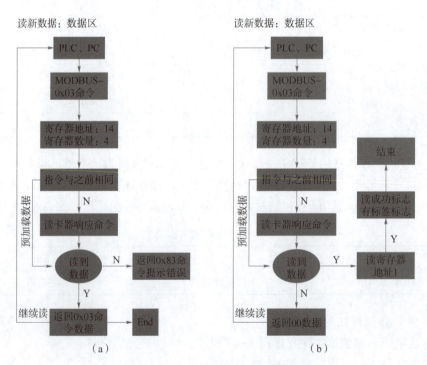

图 5-63　RFID 读电子标签数据区流程
（a）错误码方式回复；（b）数据为 0 返回

先登录视觉软件，登录方式为网页登录：输入 192.168.125.3 即可。登录密码为 Th2013。设置相机对应的参数，如图 5-65、图 5-66 所示。

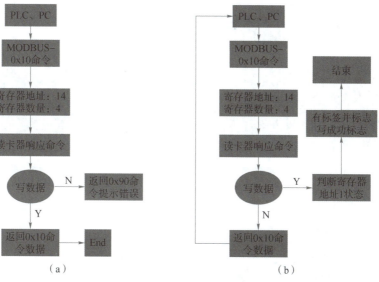

图 5-64　RFID 写标签数据流程
（a）错误码方式回复；（b）数据为 0 返回

图 5-65　常用参数界面

图 5-66　触发设置界面

然后选择工具设置，对瓶盖进行颜色识别时，颜色转换工具界面如图 5-67 所示；对瓶盖内标签内容进行识别时，选择特征模板设置，捕捉我们所需要的模板进行截取并设置最小匹配分数，如图 5-68、图 5-69 所示。

图 5-67　颜色转换工具界面

图 5-68　特征模板

最后设置通信的地址与端口，如图 5-70 所示。

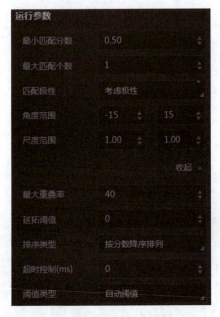

图 5-69　运行参数设置

图 5-70　网络通信设置

3）按钮板部分调试

按钮板部分调试参照颗粒上料单元按钮板调试部分进行。

4）自动流程的调试

分别将各种状态的物料瓶放到皮带始端，开启设备，自动依次进行瓶盖高度、颗粒数量、瓶盖颜色的检测；信号被传送给 PLC 处理，合格物料瓶会传送到皮带终端等待机器人的搬运，不合格物料瓶会被气缸分拣到废料皮带（辅皮带）上，并根据不同的废料情况进行判断处理；所有检测状态结果均由状态指示灯进行不同显示表示出来；整个流程应做到运行顺畅、检测准确、动作无失误。

6. 检测分拣单元气路图（图 5-71）

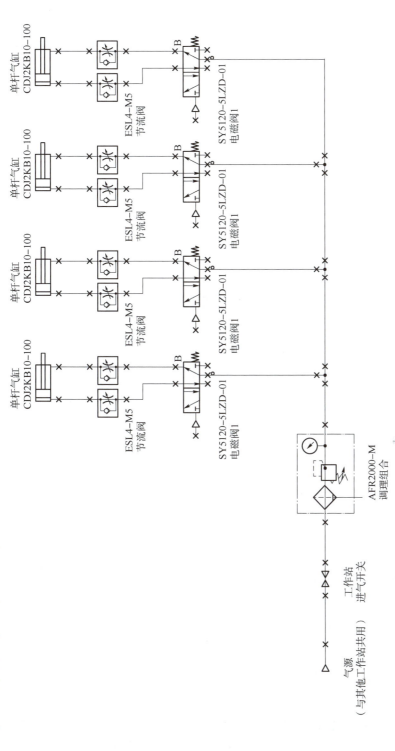

图 5-71 检测分拣单元气路图

任务评价

任务评价表如表 5-24 所示。

表 5-24 任务评价表

序号	考核要点	项目（配分：100 分）	教师评分
1	会检测分拣单元传感器调试	40	
2	会编写 PLC 程序	40	
3	劳动保护用品穿戴整齐；遵守操作规程；讲文明礼貌；操作结束要清理现场	20	
	得分		

任务 5.5　自动化生产线之工业机器人搬运单元调试

【任务描述】

根据设备运行的要求，对工业机器人搬运单元的工业机器人、步进电动机进行调试，使整个单元能够正常运行。

【学前准备】

（1）查阅资料了解 ABB 工业机器人的使用。

（2）查阅资料了解步进驱动器与步进电动机。

【学习目标】

（1）掌握 ABB 工业机器人的编程与调试。

（2）掌握 ABB 机器人软件 RobotStudio 的使用。

（3）掌握工业机器人搬运单元程序编写和调试。

预备知识

1. ABB 工业机器人的组成与功能简介

本单元的 ABB 工业机器人系统主要由本体 IRB-120、控制器 IRC5 Compact 和示教单元 FlexPendant 组成。

1）本体

（1）本体主要部件认识，如图 5-72 所示。

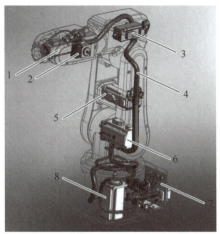

图 5-72　机器人本体

1—电动机轴 6；2—电动机轴 5；3—电动机轴 4；4—电缆线束；5—电动机轴 3
6—电动机轴 2；7—平板（电缆线束的一部分）；8—电动机轴 1

（2）本体电气接口。

① 底座电气接口如图 5-73 所示。

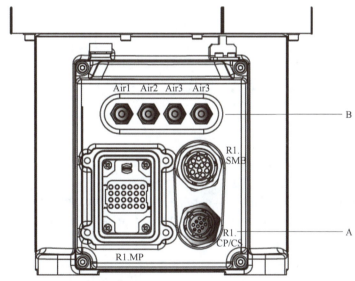

位置	连接	描述	编号	值
A	R1. CP/CS	客户电力/信号	10	49 V，500 mA
B	空气	最大 5 bar①	4	内壳直径 4 mm

图 5-73　本体底座电气接口

---

① 巴，1 bar=0.1 MPa。

② 本体上臂电气接口如图 5-74 所示。

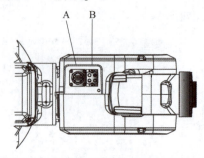

位置	连接	描述	编号	值
A	R3. CP/CS	客户电力/信号	10	49 V, 500 mA
B	空气	最大 5 bar	4	内壳直径 4 mm

图 5-74 本体上臂电气接口

2）控制器

控制器上的按钮和端口如图 5-75 和图 5-76 所示。

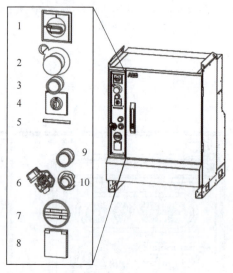

图 5-75 IRC5 控制器

1—总开关；2—紧急停止按钮；3—电动机开启；4—模式开关；5—安全链 LED（选项）；6—计算机服务接口（选项）；7—负荷计时器（选项）；8—服务接口 115/230 V，200 W（选项）；9—Hotplug 按钮（选项）；10—FlexPendant 连接器

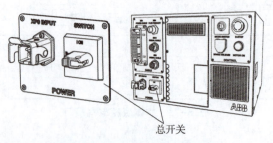

图 5-76 IRC5Compact 控制器

IRC5 控制器上的某些按钮和接口是选配件，并且可能不适用于您的控制器。根据控制器型号并且如果有外部操作面板的话，这些按钮和接口外观相同但位置可能不同。

3）示教单元

（1）示教单元主要部件认识。

机器人示教器如图 5-77 所示，硬件按钮如图 5-78 所示。

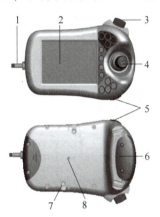

图 5-77　机器人示教器

1—连接电缆；2—触摸屏；3—紧急停止按钮；4—手动操作杆；5—数据备份用 USB 接口；
6—使能按键；7—触摸笔；8—重置按钮

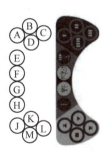

图 5-78　硬件按钮

A~D—预设（自定义）按键 1~4；E—选择机械单元；F—切换运动模式，重定向或线性；
G—切换运动模式，轴 1~3 或轴 4~6；H—切换增量；J—单步后退；K—运行；L—单步前进；M—停止

（2）FlexPendant 的操作方式。

操作 FlexPendant 时，通常会手持该设备。惯用右手者用左手持设备，右手在触摸屏上执行操作，如图 5-79 所示。而惯用左手者可以通过将显示器旋转 180°，使用右手持设备，如图 5-79（b）所示，同时四指扣押使能器按钮。使能器按钮分为两挡，按下第一挡机器人将处于电动机开启状态，松开或按下使能器第二挡电动机均为关闭状态。

机器人伺服状态会在示教器触摸屏状态栏显示，图 5-80 所示分别为电动机开启与停止时的状态显示。

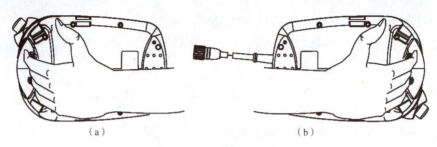

图 5-79　示教器操作握姿

（a）左手持设备；（b）右手持设备

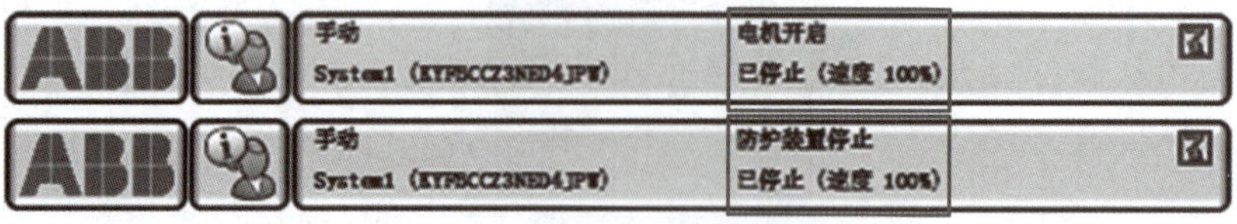

图 5-80　电动机状态

（a）开启状态；（b）停止状态

（3）触摸屏界面。

图 5-81 所示为 FlexPendant 触摸屏界面。

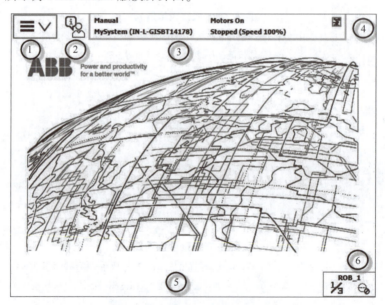

图 5-81　FlexPendant 触摸屏界面

1—ABB 菜单；2—操作员窗口；3—状态栏；4—关闭按钮；5—任务栏；6—快速设置菜单

2. ABB 工业机器人的基本操作

1）ABB 机器人的手动操作

手动操纵 ABB 机器人运动一共有三种模式：单轴运动、线性运动和重定位运动。

（1）单轴运动。

一般的 ABB 机器人是由 6 个伺服电动机分别驱动机器人的 6 个关节轴，那么每次手动操纵一个关节轴的运动就称为单轴运动。手动操纵单轴运动的方法如下：

第 1 步：接通电源，把机器人状态钥匙切换到中间的手动限速状态（一般程序调试或者手动用手动限速状态），如图 5-82 所示。

第 2 步：在触摸屏上单击"ABB"按钮，选择"手动操纵"，单击"动作模式"选中"轴 1-3"，然后单击"确定"，如图 5-83 所示。

第 3 步：用左手按下使能按钮，进入"电机开启"状态，在示教器状态栏确认"电机开启状态"，操作摇杆机器人的 1、2、3 轴就会相应动作，摇杆的操作幅度越大，机

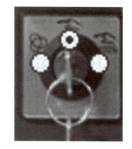

图 5-82 机器人状态钥匙开关

器人的动作速度越大。在操作时尽量以小幅度操纵机器人慢慢运动。同样的方法，选择"轴 4-6"，操作摇杆机器人的 4、5、6 轴就会动作，如图 5-84 所示。

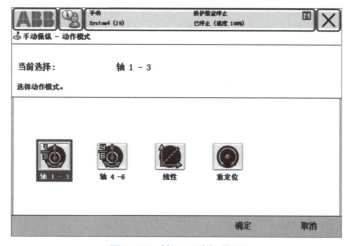

图 5-83 轴 1-3 选择界面

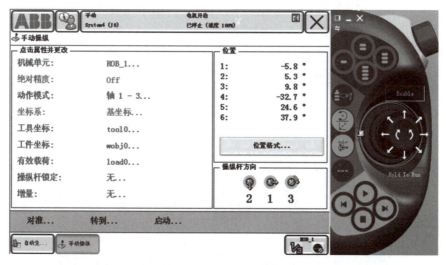

图 5-84 手动操纵界面

（2）线性运动的手动操作。

机器人的线性运动是指安装在机器人第 6 轴法兰盘上工具的 TCP 在空间中做线性运动。坐标线性运动时要指定坐标系，坐标系包括大地坐标系、基坐标系、工具坐标系、工件坐标系。机器人系统中大地坐标系和基坐标系通常是一致的，大地坐标系、基坐标系、工件坐标系一旦设定完成后，其坐标系原点位置以及 X、Y、Z 轴方向是保持固定不变的，而工具坐标系的原点位置和 X、Y、Z 轴方向是随机器人轴运动而变化，如图 5-85 所示（统默认工具坐标系 tool0，在机器人第 5 轴垂直朝上时，工具坐标系和基坐标系的方向是一致的）。

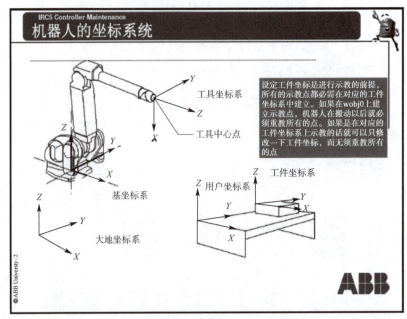

图 5-85　机器人坐标系

第 1 步：单击"ABB"按钮，选择"动作模式"，选中"线性"，然后单击"确定"，如图 5-86 所示。

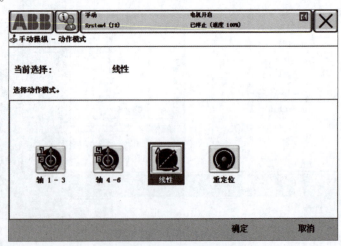

图 5-86　线性运动选择界面

第 2 步：机器人的线性运动要在"工具坐标"中指定对应的工具，选择"tool1"，按住使能按钮使电动机上电操纵示教器上的操纵杆，工具的 TCP 点在空间中做线性运动，如图 5-87 所示（系统自带的工具坐标系为 tool0）。

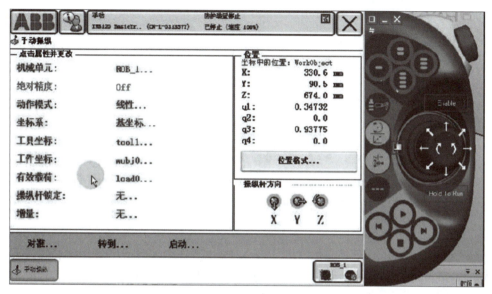

图 5-87　手动操纵界面

（3）重定位运动的手动操纵。

机器人的重定位运动是指机器人第 6 轴法兰盘上的工具 TCP 点在空间中绕着坐标轴旋转的运动，也可以理解为机器人绕着工具 TCP 点做姿态调整的运动。

第 1 步：单击"ABB"按钮，选择"动作模式"，选中"重定位"，然后单击"确定"，如图 5-88 所示。

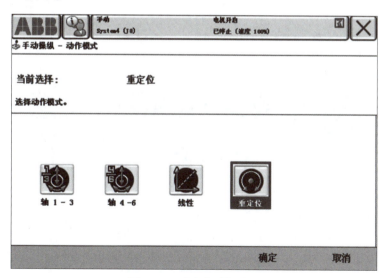

图 5-88　重定位选择界面

第 2 步：单击"坐标系"选中"工具"，然后单击"确定"，如图 5-89 所示。

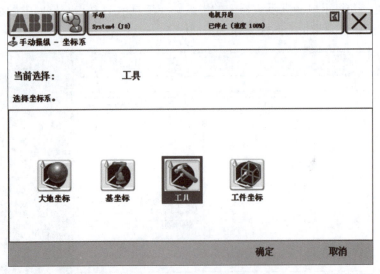

图 5-89　选择工具坐标系

第 3 步：单击"工具坐标"选中"tool1"，然后单击"确定"。操纵示教器上的操纵杆，工具的 TCP 点做姿态调整的运动，如图 5-90 所示。

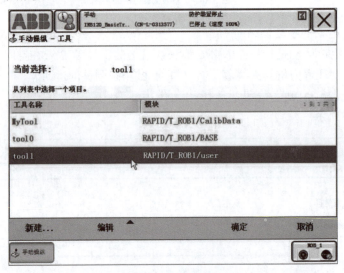

图 5-90　选择工具界面

2）ABB 机器人的自动运行

ABB 机器人的自动运行步骤如下：

第 1 步：把机器人控制面板状态钥匙切换到左边的自动状态。

第 2 步：当在示教器上出现自动生产窗口时，单击"PP 移动 Main"按钮，把指针移到 Main 主程序首句。

第 3 步：按一下控制面板上的电动机上电按钮，使机器人电动机使能。

第 4 步：单击示教器上的运行键，自动运行；若要停止，请按示教器的停止键（注意调整好速度)。

3) ABB 机器人的转速计数器(原点)校准

(1) 手动运行机械臂到零位。

手动运行机械臂将机器人上的 6 个关节的同步标记对准,如图 5-91 所示。

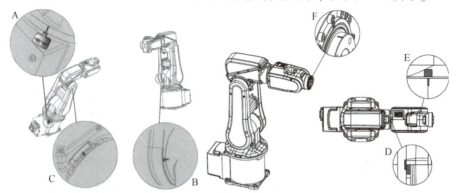

图 5-91 机器人机械原点零位

(2) 示教器操作。

第 1 步:呼出 "ABB" 菜单,选择校准;

第 2 步:单击选择需要校准的机械单元,如图 5-92 所示;

图 5-92 机械单元

第 3 步:选择转数计数器,单击更新转数计数器(图 5-93),然后单击"确定"更新;

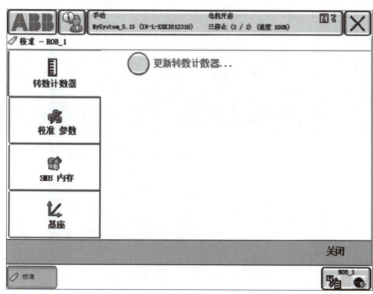

图 5-93 更新转数计数器

第4步：为机器人选定所需要更新轴，这里选择"全选"然后单击"更新"。

（3）输入校准参数的方法。

注：当出现50295、50296或其他SMB有关的报警时，请检查校准参数，需要时并对其修正。

第1步：呼出"ABB"菜单，选择校准；

第2步：单击选择需要校准的机械单元；

第3步：选择校准参数，单击"编辑单击校准偏移"；

第4步：根据机器人的校准参数进行输入（机器人本体上有），然后单击"确定"。

4）工具TCP设定

工具数据的原理与设定如图5-94所示；TCP设定原理如图5-95所示。

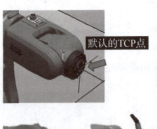

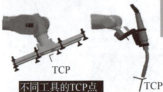

- 工具数据TOOLDATA是用于描述安装在机器人第六轴上的工具的TCP、质量、重心等参数数据。
- 执行程序时，机器人就是将TCP移至编程位置，程序中所描述的速度与位置就是TCP点在对应工件坐标中的速度与位置。
- 所有机器人在手腕处都有一个预定义工具坐标系，该坐标系称为tool0。这样就能将一个或多个新工具坐标系定义为tool0的偏移值。

图 5-94　工具数据的原理与设定

- 首先在机器人工作范围内找一个非常精确的固定点作为参考点。
- 然后在工具上确定一个参考点（最好是工具的中心点TCP）。
- 通过之前学习到的手动操纵机器人的方法，去移动工具上的参考点以最少四种不同的机器人姿态尽可能与固定点刚好碰上。（为了获得更准确的TCP，在以下的例子中使用六点法进行操作，第四点是用工具的参考点垂直于固定点，第五点是工具参考点从固定点向将要设定为TCP的X方向移动，第六点是工具参考点从固定点向将要设定为TCP的Z方向移动。）
- 机器人就可以通过这四个位置点的位置数据计算求得TCP的数据，然后TCP的数据就保存在TOOLDATA这个程序数据中被程序进行调用。

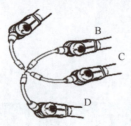

- TCP取点数量的区别：
- 4点法，不改变tool0的坐标方向；
- 5点法，改变tool0的Z方向；
- 6点法，改变tool0的X和Z方向（在焊接应用最为常用）；
- 前三个点的姿态相差尽量大些，这样有利于TCP精度的提高。

图 5-95　TCP 设定原理

第1步：单击"ABB"菜单，选择"手动操纵"，如图5-96所示。

图5-96 单击"ABB"菜单

第2步：选择"工具坐标"如图5-97所示。

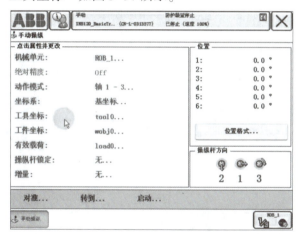

图5-97 选择"工具坐标"

第3步：单击"新建..."，如图5-98所示。

图5-98 新建工具数据

第 4 步：单击"初始值"，如图 5-99 所示。

图 5-99　更改工具参数

第 5 步：根据实际工具的质量及工具的偏移位置，设定 mass 的数据及 X、Y、Z 的偏移值（偏移可以不设定），如图 5-100、图 5-101 所示。

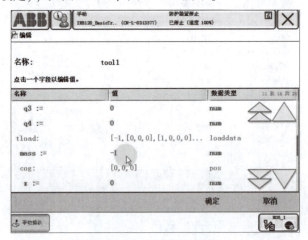

图 5-100　设定工具质量

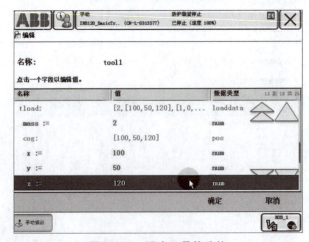

图 5-101　设定工具偏移值

第 6 步：打开编辑菜单，选择"定义"，如图 5-102 所示。

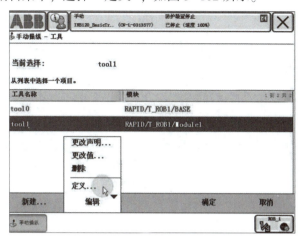

图 5-102　选择定义

第 7 步：选择"TCP 和 Z，X"共六个点需要调整位置，如图 5-103 所示。

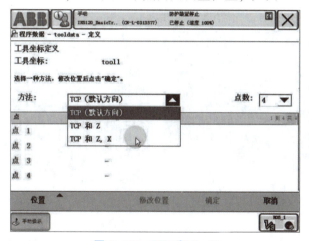

图 5-103　TCP 和 Z，X

第 8 步：更改点 1、2、3、4、延伸器点 X、延伸器点 Z，如图 5-104 所示。

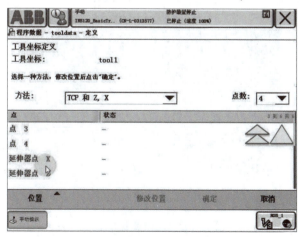

图 5-104　更改点位界面

第 9 步：核对点 1 姿态，如图 5-105 所示。
第 10 步：核对点 2 姿态，如图 5-106 所示。

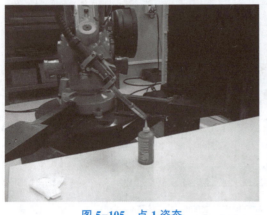

图 5-105　点 1 姿态　　　　　　　　图 5-106　点 2 姿态

第 11 步：核对点 3 姿态，如图 5-107 所示。
第 12 步：核对点 4 姿态，如图 5-108 所示。

图 5-107　点 3 姿态　　　　　　　　图 5-108　点 4 姿态

第 13 步：核对延伸器点 X 姿态，如图 5-109 所示。

图 5-109　延伸器点 X 姿态

第14步：核对延伸器点 Z 姿态，如图 5-110 所示。

图 5-110　延伸器点 Z 姿态

第15步：6 个位置核对完以后，单击"确定"，对自动生产的工件坐标数据进行确认后，单击"确定"，如图 5-111 所示。

图 5-111　工具数据设定完成

第16步：由此工具坐标系建立完成。

3. ABB 机器人的常用指令介绍

1）运动指令

机器人在空间中运动主要有关节运动（MoveJ）、线性运动（MoveL）、圆弧运动（MoveC）和绝对位置运动（MoveAbsJ）四种方式。

（1）绝对位置运动指令。

绝对位置运动指令是机器人的运动使用 6 个轴和外轴的角度值来定义目标位置数据。常用于机器人 6 个轴回到机械零点（0°）的位置，如图 5-112、表 5-25 所示。

(2) 关节运动指令。

关节运动指令是在对路径精度要求不高的情况下，机器人的工具中心点 TCP 从一个位置移动到另一个位置，两个位置之间的路径不一定是直线。指令如下：

MoveJ p10, v1000, z50, tool0;

解析：机器人的 TCP 从当前向 p10 点运动，速度是 1 000 mm/s，转弯区数据是 50 mm，距离 P10 点还有 50 mm 的时候开始转弯，使用的工具数据是 tool0。

图 5-112　绝对位置指令

表 5-25　指令解析

参数	含义	参数	含义
*	目标点位置数据	Z50	转弯区数据
NoEoffs	外轴不带偏移数据	Tool0	工具坐标数据
V1000	运动速度数据，1 000 mm/s		

(3) 线性运动指令。

线性运动是机器人的 TCP 从起点到终点之间的路径始终保持为直线。一般如焊接、涂胶等应用对路径要求高的场合使用此指令。指令如下：

MoveL p10,v1000,fine,tool1;

(4) 圆弧运动指令。

圆弧路径由起点、中间点、终点三个位置点，当前位置圆弧的起点［当前位置不能和第二点（p10）位置重合］，第二个（p10）点是圆弧的中间点，第二个（p20）点用于圆弧的终点位置。指令如下：

MoveC p10,p20,v1000,z1,tool1;

解析：在运动指令中关于速度一般最高为 500 mm/s，在手动限速状态下，所有的运动速度被限速在 250 mm/s。

关于转弯区，fine 指机器人 TCP 达到目标点，在目标点速度将为 0，机器人动作有所停顿后再向下运动，如果是一段路径的最后一个点，一定要为 fine。转弯区数值越大，机器人的动作路径就越圆滑与流畅。

2）赋值指令

":="赋值指令。

说明：用于对程序数据进行赋值，赋值可以是一个常量或数学表达式。

（1）常量赋值：reg1:=5；

（2）数学表达式赋值：reg2:=reg1+4。

3）I/O 控制指令

说明：I/O 控制指令用于控制 I/O 信号，以达到与机器人周边设备进行通信的目的。

（1）Set 指令。

Set 指令为数字信号置 1 指令，主要用于将数字输出置为"1"。示例如下：

Setdo1；

解析：将数字输出 do1 置为"1"。

（2）Reset 指令。

Reset 指令为数字信号复位指令，主要用于将数字输出置为"0"。示例如下：

Resetdo1；

（3）WaitDI 指令。

WaitDI 指令为数字输入信号判断指令，主要用于判断数字输入信号的值是否与目标一致。示例如下：

WaitDIdi1,1；

解析：当程序执行此指令时，等待 di1 的值为 1。如果 di1 为 1，则程序继续往下执行；如果到达最大等待时间 300 s（此时间可根据实际进行设定）以后，di1 的值还不为 1，则机器人报警或进入出错处理程序。

（4）WaitDO 指令。

WaitDO 指令为数字输出信号判断指令，主要用于判断数字输出信号值是否与目标一致。示例如下：

WaitDOdo1,1；

（5）Waituntil 指令。

Waituntil 指令为信号判断指令，可用于布尔量、数字量和 IO 信号的判断，如果条件达到设定值，程序继续往下执行，否则就一直等待，除非设定了最大时间。示例如下：

Waituntildi1=1；

Waituntildo1=0；

Waituntilflag1=1；

Waituntilnum1=4；

解析：flag1 是布尔量，num1 是数字量。

4）条件逻辑判断指令

条件逻辑判断指令用于对条件进行判断后，执行相应的操作，是 PAPID 中重要的组成部分。

（1）CompactIF 紧凑型条件判断指令。

其主要用于当一个条件满足了以后，就执行下一句指令。示例如下：

IFflag1=TRUE setdo1

解析：如果 flag1 的状态为 TURE，则 do1 被置位为 1。

（2）IF 条件判断指令。

IF 条件判断指令根据不同的条件去执行不同的指令。示例如下：

IF num1 = 1 THEN

Flag1：= TRUE；

ELSE IF num1 = 2 THEN

Flag1：= FALSE；

ELSE

setdo1；

ENDIF

解析：如果 num1 为 1，则 Flag1 会被赋值为 TRUE；如果 num1 为 2，则 Flag1 会被赋值为 FALES；除了以上两种条件之外，则将 do1 置位为 1；结束判断。

（3）FOR 重复执行判断指令。

其用于一个或多个指令需要重复执行数次的情况。示例如下：

FOR i FROM 1 to 10 DO

Routine1；

ENDFOR

解析：例行程序 Routine1，重复执行 10 次

（4）WHILE 条件判断指令。

其用于在给定条件满足的情况下，一直重复执行对应的指令。示例如下：

WHILE num1>num2 DO

num1：= num1−1；

ENDWHILE

解析：当 num1>num2 的条件满足情况下，就一直执行 num1：= num1−1 的操作。

5）其他的常用指令

（1）ProcCall 调用例行程序指令。

通过使用此指令在指定的位置调用例行程序。

（2）RETURN 返回例行程序指令。

当此指令被执行时，则马上结束本例行程序的执行，返回程序指针到调用此例行程序的位置。

（3）WaitTime 时间等待指令。

其用于程序在等待一个指定的时间以后，再继续向下执行。示例如下：

WaitTime 4；

Resetdo1；

解析：等待 4 s 以后，程序向下执行 Resetdo1。

（4）Offs 偏移功能。

以选定的目标点为基准，沿着选定工件坐标系的 X、Y、Z 轴方向偏移一定的距离。示例如下：

MoveL offs(p10,0,0,10),v300,fine,tool1lwobj：= wobj1；

解析：将机器人 TCP 移动至 p10 为基准点，沿着 wobj1 的 Z 轴正方向偏移 10 mm 的位置。

4. ABB 机器人编程与调试

1）建立 RAPID 程序实例

（1）确定需要多少程序模块，建立程序模块方便于管理主要是由应用的复杂性所决定的。

（2）确定各个程序模块中需要建立的例行程序，建立不同的例行程序方便调用和管理，把不同的功能放到不同的例行程序中去。

确定工作要求：①机器人空闲时在位置点 pHome 等待。②如果外部信号 di1 输入为 1 时，机器人沿着物体的一条边从 p10 到 p20 走一条直线，结束后回到 pHome 点。

第 1 步：选择"程序编辑器"，如图 5-113 所示。

图 5-113　程序编辑器

第 2 步：单击"取消"，如图 5-114 所示。

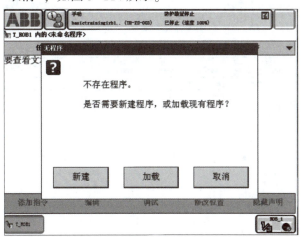

图 5-114　取消界面

第 3 步：打开"文件"菜单，选择"新建模块"，如图 5-115 所示。

第 4 步：单击"是"进行确定，如图 5-116 所示。

第 5 步：定义程序模块的名称后，单击"确定"，如图 5-117 所示。

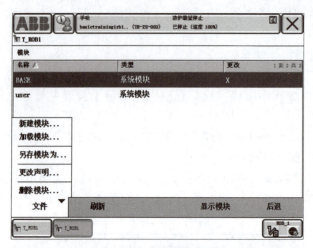

图 5-115　选择"新建模块"

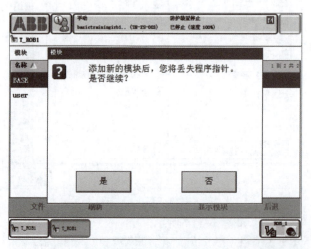

图 5-116　单击"是"

图 5-117　定义程序模块名称

第 6 步：选中"Module1"，如图 5-118 所示。

图 5-118　选择 Module1 程序模块

第 7 步：单击"显示模块"，打开 Modue1 程序模块，如图 5-119 所示。

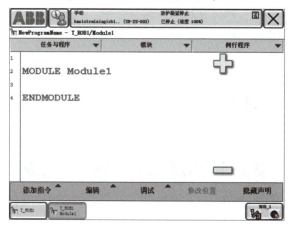

图 5-119　打开 Module1 程序模块

第 8 步：单击"例行程序"打开"文件"，单击"新建例行程序"，如图 5-120 所示。

图 5-120　单击"新建例行程序"

第 9 步：首先建立一个主程序 main，如图 5-121 所示，然后单击"确定"（名称修改可以单击 ABC 进行修改，最好用标准语言）。

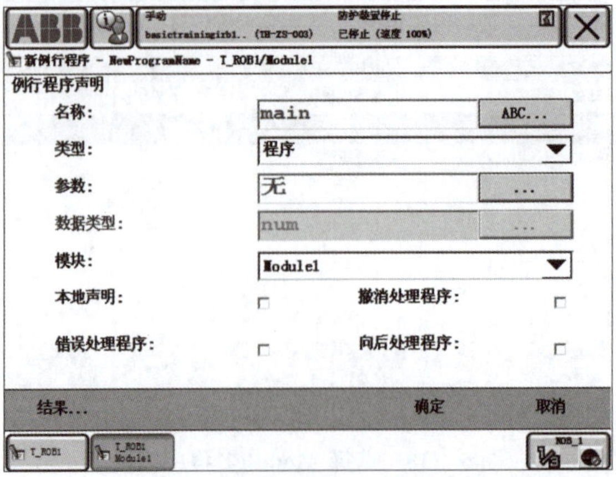

图 5-121　定义例行程序

第 10 步：根据第 8、9 步骤建立相关的例行程序，如图 5-122 所示。
rHome( )——用于机器人回等待位。
rInitall( )——初始化。
rMoveRoutine( )——存放直线运动路径。

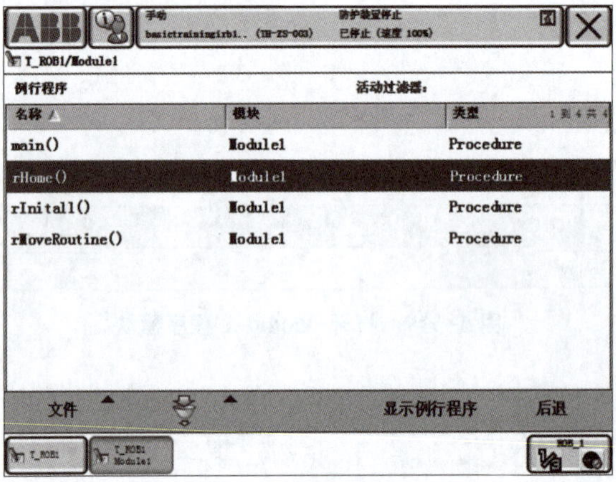

图 5-122　建立例行程序

第 11 步：选择"rHome"，然后单击"显示例行程序"，如图 5-123 所示。
第 12 步：到"手动操纵"菜单内，确认已选中要使用的工具坐标系与工件坐标系，如图 5-124 所示。
第 13 步：回到程序编辑器，单击"添加指令"，打开指令表，如图 5-125 所示。
第 14 步：选中"<SMT>"为插入指令的位置，在指令表中选中"MoveJ"，如图 5-126 所示。
第 15 步：双击"*"，进入指令参数修改画面。通过新建或选择对应的参数数据，设定为图中显示数值（pHome、v200、fine），如图 5-127 所示。
第 16 步：选择合适的动作模式，使用摇杆将机器人运动到图中的位置，作为机器人的空闲等待位，如图 5-128 所示。

　　第 17 步：选中"pHome"目标点如图 5-129 所示，单击"修改位置点"如图 5-130 所示，单击"修改"将机器人的当前位置数据记录下来。

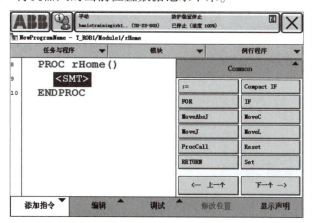

图 5-123　rHome 例行程序

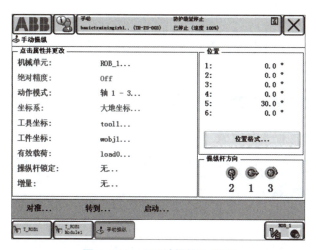

图 5-124　"手动操纵"界面

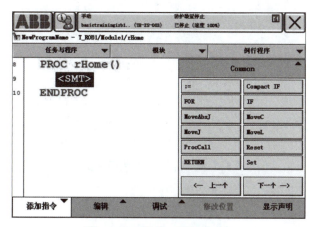

图 5-125　单击"添加指令"

图 5-126　添加指令

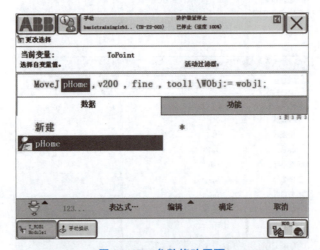

图 5-127　参数修改画面

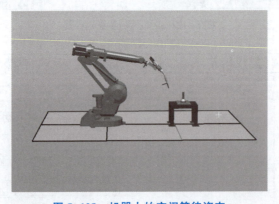

图 5-128　机器人的空闲等待姿态

第18步：单击"例行程序"标签，选中"rInitall"例行程序，如图 5-131 所示，然后单击"显示例行程序"。

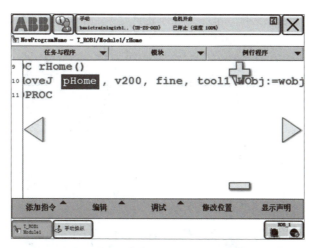

图 5-129 选中"pHome"目标点

图 5-130 修改位置点

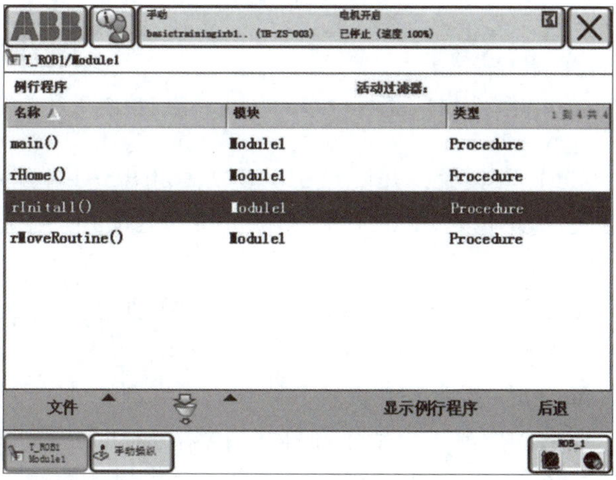

图 5-131 选中"rInitall"例行程序

第 19 步：在此例行程序中，加入在程序正式运行前需要做初始化的内容，如速度限定、夹具复位等。具体内容根据需要添加，如图 5-132 所示。

图 5-132　rInitall 例行程序

在此例行 rInitall 中只添加了两条速度控制指令和调用了回等待位的例行程序 rHome。

第 20 步：单击"例行程序"标签，选择"rMoveRoutine"例行程序，如图 5-133 所示，然后单击"显示例行程序"。

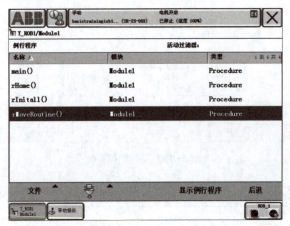

图 5-133　选中 rMoveRoutine 例行程序

第 21 步：添加"MoveJ"指令，并设置 p10 参数，如图 5-134 所示。

第 22 步：选择合适的动作模式，使用摇杆将机器人运动到图中的位置，作为机器人的 p10 点，如图 5-135 所示。

第 23 步：选中"p10"点，单击"修改位置"，将机器人的当前位置记录到 p10 中去。

第 24 步：添加"MoveL"指令，并设置 p20 参数，如图 5-136 所示。

第 25 步：选择合适的动作模式，使用摇杆将机器人运动到图中的位置，作为机器人的 p20 点，如图 5-137 所示。

第 26 步：选中"p20"点，单击"修改位置"，将机器人的当前位置记录到 p20 中去，然后单击"例行程序"标签，如图 5-138 所示。

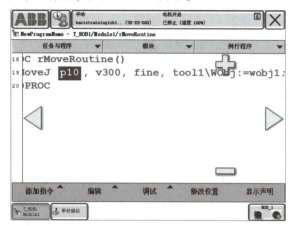

图 5-134　点 p10 参数设置

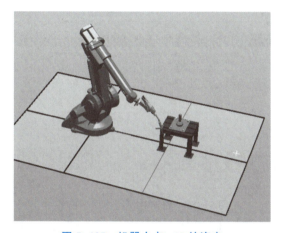

图 5-135　机器人点 p10 的姿态

图 5-136　点 p20 参数设置

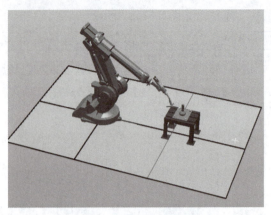

图 5-137　机器人点 p20 的姿态

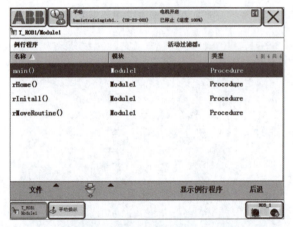

图 5-138　单击"例行程序"标签

第 27 步：选中"main"主程序，进行程序执行主体架构的设定，在开始位置调用初始化例行程序，如图 5-139 所示。

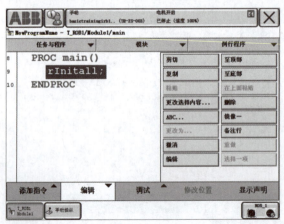

图 5-139　main 主程序

第 28 步：添加"WHILE"指令，并将条件设定为"TRUE"。添加 WHILE 指令构建一个死循环的目的主要在于初始化例行程序与正常运行路径程序隔开，如图 5-140 所示。

图 5-140　添加 WHILE 指令

第 29 步：添加"IF"指令到图中所示位置，选中"<EXP>"，然后打开"编辑"菜单选择"ABC..."，如图 5-141 所示。

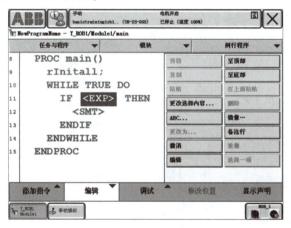

图 5-141　修改 IF 指令

第 30 步：使用软键盘输入"di1 = 1"，然后单击"确定"，如图 5-142 所示。此处不能直接判断数值输出信号的状态，如"do1 = 1"这是错误的。

第 31 步：在 IF 指令的条件判断中，调用两个例行程序"rMoveRoutine"和"rHome"，如图 5-143 所示。

第 32 步：选中 IF 指令的下方，添加"WaitTime"指令，参数是 0.3 s，如图 5-144 所示。

第 33 步：打开调试菜单，如图 5-145 所示，单击检查程序，对程序的语法进行检查。

第 34 步：单击"确定"完成，如图 5-146 所示。

如果有错，系统会提示出错的具体位置与建议操作。

2）对 RAPID 程序进行调试

在完成程序的编辑后，首先检查程序位置点是否正确，然后检查程序逻辑控制是否有不完善的地方。上述主程序解读：

图 5-142　输入 di1=1

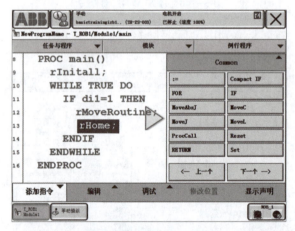

图 5-143　调用例行程序

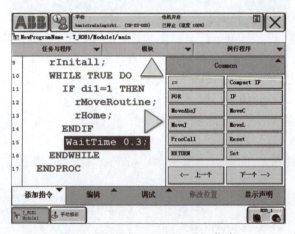

图 5-144　添加"WaitTime"指令

首先，进入初始化程序进行相关初始化设置。

其次，进入 WHILE 的死循环，目的是将初始化程序隔离开。

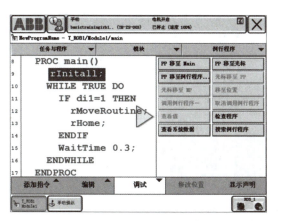

图 5-145　打开调试菜单

图 5-146　单击"确定"

然后，如果 do1=1，则机器人执行对应的路径程序。

最后，等待 0.3 s 的这个指令的目的是防止系统 CPU 过负荷而设定的。

（1）调试 rHome 例行程序。

第 1 步：打开"调试"菜单，选择"PP 移动至例行程序"。

第 2 步：选中"rHome"例行程序，如图 5-147 所示，然后单击"确定"。

图 5-147　选中"rHome"例行程序

第 3 步：PP 是程序指针的简称（左边的小箭头），程序指针永远指向将要执行的指令，图 5-148 所示指令是将要执行的指令。

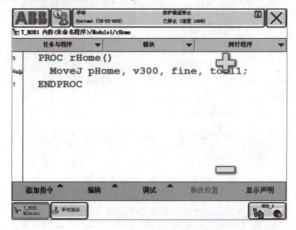

图 5-148　将要执行的指令

第 4 步：按下使能键，进入"电动机开启"状态。
第 5 步：按一下"单步向前"按键，并小心观察机器人的移动。
第 6 步：在指令左侧出现一个小机器人，说明机器人已到达 pHome 这个点，如图 5-149 所示。

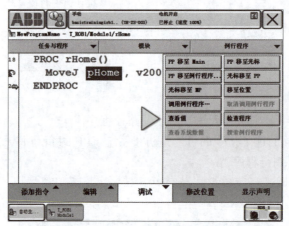

图 5-149　机器人到达 pHome 点

（2）调试 rMoveRoutine 例行程序。
依据上述调试 pHome 例行程序的方法来调试。
（3）调试 main 主程序。
第 1 步：打开"调试"菜单，选择"PP 移动至 main"。PP 便会自动指向主程序的第一句指令。
第 2 步：按下使能键，进入"电动机开启"状态。
第 3 步：按一下"程序启动"按键，并小心观察机器人的移动，如想停止按下"程序停止"即可。

5. 机器人仿真软件 RobotStudio 的使用

RobotStudio 软件提供了在计算机中进行 ABB 机器人工作站的建立、虚拟示教器操作等模拟仿真功能；下面介绍如何在 RobotStudio 中建立工作站。

第 1 步：单击桌面图标，进入创建画面，如图 5-150 所示。

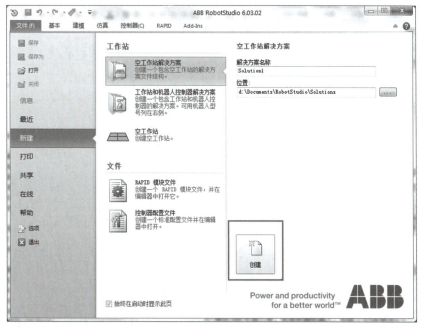

图 5-150　创建画面

第 2 步：单击"创建"图标，弹出工作站画面，单击"ABB 模型库"下拉菜单，如图 5-151 所示。

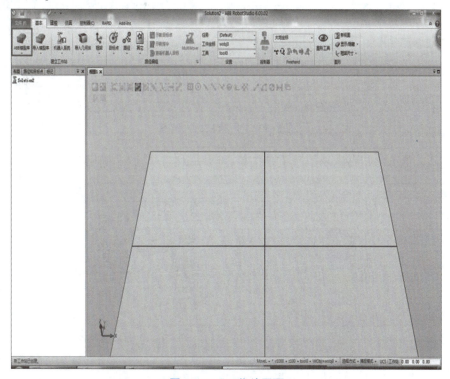

图 5-151　工作站画面

第3步：弹出所选机器人信息，选择"IRB 120"，如图5-152所示，单击"确定"按钮。

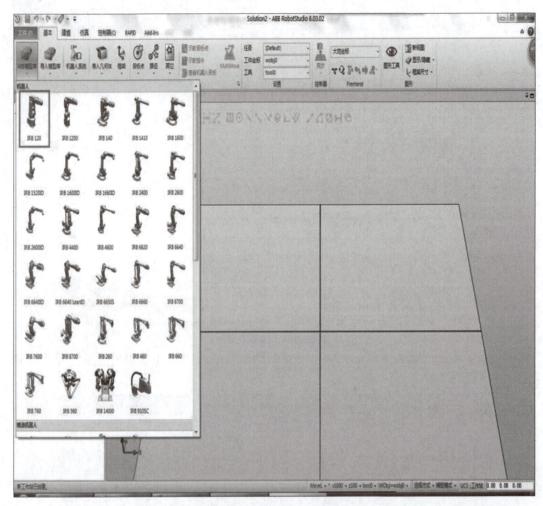

图5-152　所有机器人信息

第4步：单击"机器人系统"下拉菜单，选择版本，单击"确定"按钮，如图5-153所示。

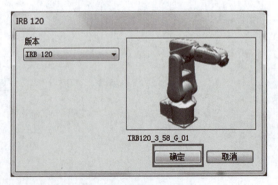

图5-153　选择机器人版本

第 5 步：单击"机器人系统"下拉菜单，选择"从布局步：步：步："，如图 5-154 所示。

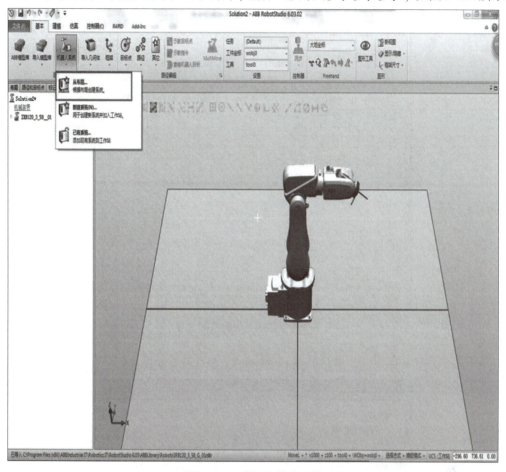

图 5-154　选择机器人系统

第 6 步：弹出"从布局创建系统"对话框，单击"下一个"，如图 5-155 所示。

图 5-155　"从布局创建系统"对话框

第 7 步：勾选选择项，单击"下一个"，如图 5-156 所示。

图 5-156　选择系统的机械装置

第 8 步：单击"选项..."进行修改，如图 5-157 所示。

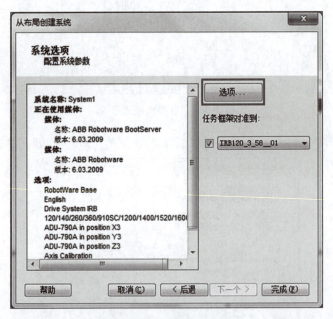

图 5-157　系统选项修改

第 9 步：勾选 Chinese，设置程序语言，如图 5-158 所示。

第 10 步：根据需要勾选其他选项，然后单击"关闭"，如图 5-159 所示。

第 11 步：选择完成，单击"确定"，回到"从布局创建系统"对话框，单击"完成"，如图 5-160 所示。

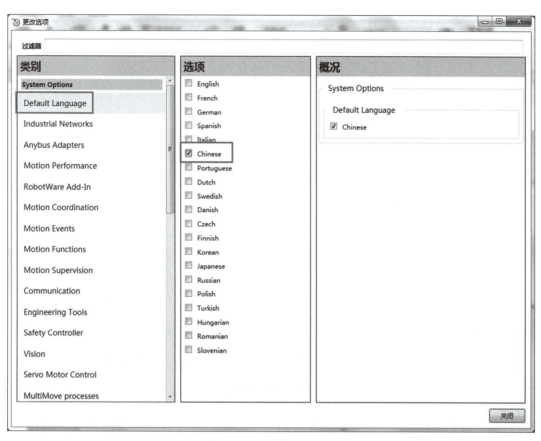

图 5-158　设置程序语言

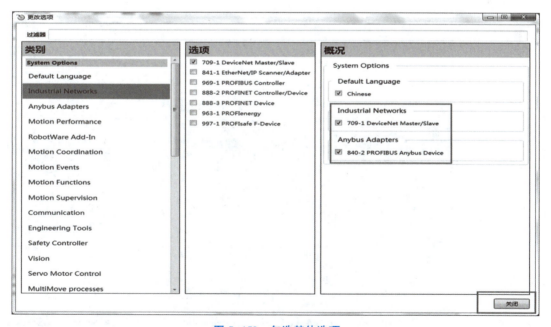

图 5-159　勾选其他选项

第12步：当右下角控制器的状态由红色变为绿色，系统创建完成，如图5-161和图5-162所示。

图5-160　"从布局创建系统"对话框

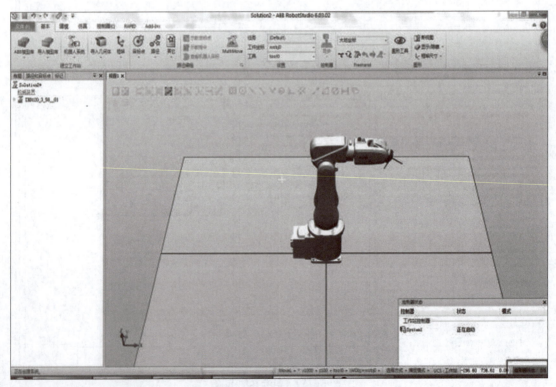

图5-161　系统创建中

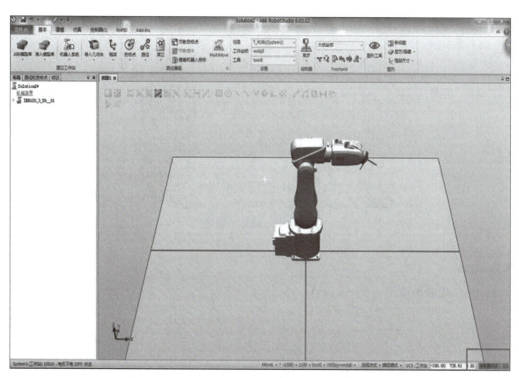

图 5-162 系统创建完成

第 13 步：打开工具栏"控制器"–"示教器"，选择"虚拟示教器"，如图 5-163 所示。

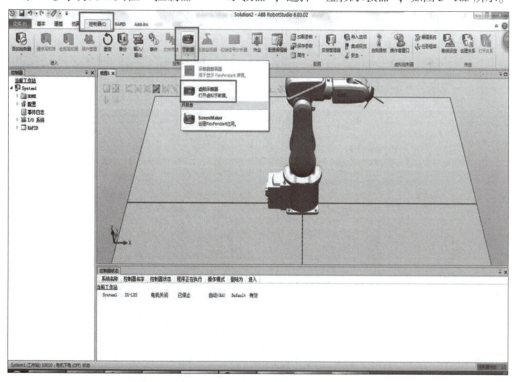

图 5-163 选择"虚拟示教器"

第 14 步：打开虚拟示教器，在这里可以进行设置、编程、调试、仿真等功能，如图 5-164 所示。

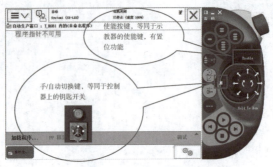

图 5-164　虚拟示教器

任务实施

1. PLC 控制原理图（图 5-165）

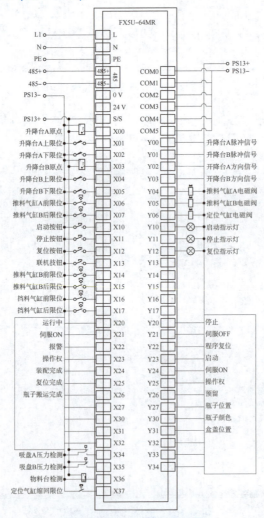

图 5-165　PLC 控制原理图

2. 单机流程图

联机运行子程序流程图如图5-166所示，主程序流程图如图5-167所示，单机运行子程序流程图如图5-168所示，复位子程序流程图如图5-169所示，通信处理子程序流程图如图5-170所示，停止子程序流程图如图5-171所示。

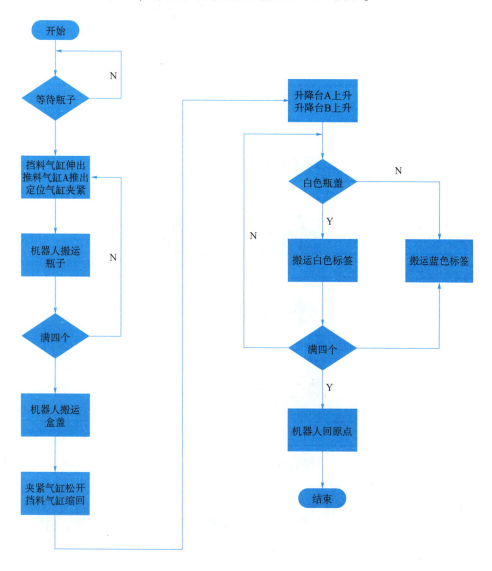

图5-166 联机运行子程序流程图

3. I/O功能分配表

（1）工业机器人搬运单元PLC I/O功能分配如表5-26所示。

（2）工业机器人搬运单元I/O功能分配如表5-27所示。

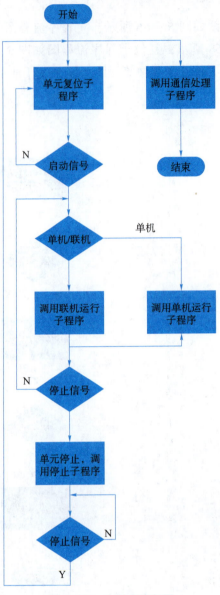

图 5-167　主程序流程图

4. 接口板端子分配表

（1）桌面 37 针接口板 CN310 端子分配如表 5-28 所示。

（2）桌面 37 针接口板 CN311 端子分配如表 5-29 所示。

（3）CN300 升降台 A 模块端子分配如表 5-30 所示。

（4）CN301 升降台 B 模块接线端子分配如表 5-31 所示。

（5）CN302 装配台模块接线端子分配如表 5-32 所示。

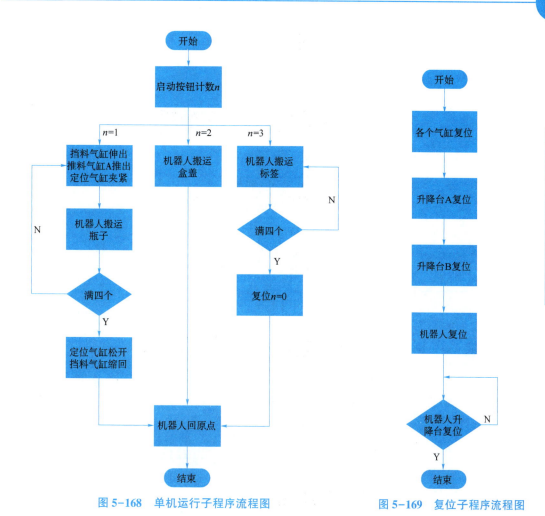

图 5-168 单机运行子程序流程图　　图 5-169 复位子程序流程图

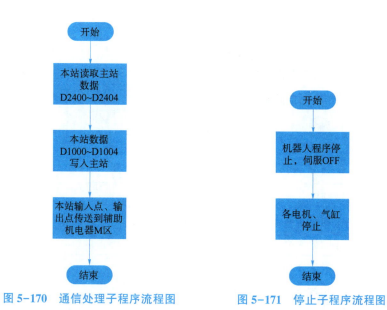

图 5-170 通信处理子程序流程图　　图 5-171 停止子程序流程图

表 5-26　工业机器人搬运单元 PLC I/O 功能分配

序号	名称	功能描述	备注
1	X00	升降台 A 运动到原点，X00 断开	
2	X01	升降台 A 碰撞上限位，X01 断开	
3	X02	升降台 A 碰撞下限位，X02 断开	
4	X03	升降台 B 运动到原点，X03 断开	
5	X04	升降台 B 碰撞上限位，X04 断开	
6	X05	升降台 B 碰撞下限位，X05 断开	
7	X06	推料气缸 A 伸出，X06 闭合	
8	X07	推料气缸 A 缩回，X07 闭合	
9	X10	按下启动按钮，X10 闭合	
10	X11	按下停止按钮，X11 闭合	
11	X12	按下复位按钮，X12 闭合	
12	X13	按下联机按钮，X13 闭合	
13	X14	推料气缸 B 伸出，X14 闭合	
14	X15	推料气缸 B 缩回，X15 闭合	
15	X16	挡料气缸伸出，X16 闭合	
16	X17	挡料气缸缩回，X17 闭合	
17	X20	运行中	
18	X21	伺服 ON 中	
19	X22	报警发生中	
20	X23	操作权	
21	X24	X24 闭合机器人装配完成	
22	X25	X25 闭合机器人复位完成	机器人控制器输出
23	X26	X26 闭合机器人瓶子取走	
24	X27	预留	
25	X30	预留	
26	X31	预留	
27	X32	预留	
28	X33	加盖定位气缸伸出，X33 闭合	
29	X34	吸盘 A 有效，X34 闭合	
30	X35	吸盘 B 有效，X35 闭合	
31	X36	物料台有物料，X36 闭合	

续表

序号	名称	功能描述	备注
32	X37	加盖定位气缸缩回，X37 闭合	
33	Y00	Y00 闭合，给升降台 A 发脉冲	
34	Y01	Y01 闭合，给升降台 B 发脉冲	
35	Y02	Y02 闭合，改变升降台 A 方向	
36	Y03	Y03 闭合，改变升降台 B 方向	
37	Y04	Y04 闭合，升降台气缸 A 伸出	
38	Y05	Y05 闭合，升降台气缸 B 伸出	
39	Y06	Y06 闭合，加盖定位气缸伸出	
40	Y07	Y07 闭合，挡料气缸伸出	
41	Y10	Y10 闭合，启动指示灯亮	
42	Y11	Y11 闭合，停止指示灯亮	
43	Y12	Y12 闭合，复位指示灯亮	
44	Y16	预留	
45	Y17	预留	
46	Y20	Y20 闭合，机器人程序停止运行	机器人控制器输入
47	Y21	Y21 闭合，机器人电动机下电	
48	Y22	Y22 闭合，机器人主程序启动	
49	Y23	Y23 闭合，机器人程序启动运行	
50	Y24	Y24 闭合，机器人电动机上电	
51	Y25	Y25 闭合，机器人操作权	
52	Y26	预留	
53	Y27	Y27 闭合，瓶子到位	
54	Y30	Y30 闭合，瓶子颜色	
55	Y31	Y31 闭合，料盒料盖到位信号	

表 5-27　工业机器人搬运单元 I/O 功能分配

序号	机器人信号	PLC 信号	功能	备注
1	机器人输入 0	Y20	停止	
2	机器人输入 1	Y21	伺服 OFF	
3	机器人输入 2	Y22	程序复位	
4	机器人输入 3	Y23	启动	
5	机器人输入 4	Y24	伺服 ON	

续表

序号	机器人信号	PLC 信号	功能	备注
6	机器人输入 5	Y25	操作权	
7	机器人输入 6	Y26	分步运行对应程序	
8	机器人输入 7	Y27	瓶子到位	
9	机器人输入 8	Y30	瓶子颜色	
10	机器人输入 9	Y31	盒子盖子到位信号	
11	机器人输出 0	X20	运行中	
12	机器人输出 1	X21	伺服 ON 中	
13	机器人输出 2	X22	报警发生中	
14	机器人输出 3	X23	操作权	
15	机器人输出 8	X24	机器人装配完成	
16	机器人输出 9	X25	机器人复位完成	
17	机器人输出 10	X26	机器人瓶子拿走	

表 5-28　桌面 37 针接口板 CN310 端子分配

接口板地址	线号	功能描述	备注
XT3-0	X00	升降台 A 原点传感器	
XT3-1	X01	升降台 A 上限位（常闭）	
XT3-2	X02	升降台 A 下限位（常闭）	
XT3-3	X03	升降台 B 原点传感器	
XT3-4	X04	升降台 B 上限位（常闭）	
XT3-5	X05	升降台 B 下限位（常闭）	
XT3-6	X06	推料气缸 A 前限位	
XT3-7	X07	推料气缸 A 后限位	
XT3-8	FZA	升降台 A 上限位（常开）	
XT3-9	ZZA	升降台 A 下限位（常开）	
XT3-10	FZB	升降台 B 上限位（常开）	
xT3-11	ZZB	升降台 B 下限位（常开）	
XT3-12	X14	推料气缸 B 前限位	
XT3-13	X15	推料气缸 B 后限位	
XT2-4	Y04	升降台气缸 A 控制	
XT2-5	Y05	升降台气缸 B 控制	
XT2-6	Y06	加盖定位气缸电磁阀	
XT2-7	Y07	挡料气缸电磁阀	
XT1/XT4	PS13+（+24 V）	24 V 电源正极	
XT5	PS13-（0 V）	24 V 电源负极	

表 5-29　桌面 37 针接口板 CN311 端子分配

接口板地址	线号	功能描述	备注
XT2-0	Y20	停止	机器人输入
XT2-1	Y21	伺服 OFF	
XT2-2	Y22	程序复位	
XT2-3	Y23	启动	
XT2-4	Y24	伺服 ON	
XT2-5	Y25	操作权	
XT2-6	Y26	分步运行对应程序	
XT2-7	Y27	瓶子到位	
XT2-8	Y30	瓶子颜色	
XT2-9	Y31	盒子盖子到位信号	
XT2-10	Y32	预留	
XT2-11	Y33	预留	
XT2-12	预留		
XT2-13	预留		
XT2-14	预留		
XT2-15	预留		
XT3-0	X20	运行中	机器人输出
XT3-1	X21	伺服 ON 中	
XT3-2	X22	报警发生中	
XT3-3	X23	操作权	
XT3-4	X24	机器人装配完成，X24 闭合	
XT3-5	X25	机器人复位完成，X25 闭合	
XT3-6	X26	机器人瓶子拿走，X26 闭合	
XT3-7	X27	预留	
XT3-8	X30	预留	
XT3-9	X31	预留	
XT3-10	X32	预留	
XT3-11	X33	加盖定位气缸伸出，X33 闭合	
XT3-12	X34	吸盘 A 有效，X34 闭合	
XT3-13	X35	吸盘 B 有效，X35 闭合	
XT3-14	X36	物料台有料，X37 闭合	

续表

接口板地址	线号	功能描述	备注
XT3-15	X37	加盖定位气缸缩回，X37 闭合	
XT1/XT4	PS13+（+24 V）	24 V 电源正极	
XT5	PS13-（0 V）	24 V 电源负极	

表 5-30　CN300 升降台 A 模块接线端子分配

接口板地址	线号	功能描述	备注
XT1-0	PS13-（0 V）	原点传感器 0 V	
XT1-1	PS13-	推料气缸前限位磁性开关 0 V	
XT1-2	PS13-	推料气缸后限位磁性开关 0 V	
XT1-3	PS13-	物料台检测传感器 0 V	
XT1-4	PS13-	预留	
XT1-5	PS13-	预留	
XT1-6	PS13-	预留	
XT1-7	PS13-	预留	
XT1-8	PS13-	预留	
XT1-9	PS13-	预留	
XT1-10	PS13-	预留	
XT2-0	PS13+（24 V）	原点传感器 24 V	
XT2-1	PS13+	上限位微动开关 24 V	
XT2-2	PS13+	下限位微动开关 24 V	
XT2-3	PS13+	推料气缸电磁阀 24 V	
XT2-4	PS13+	物料台检测传感器 24 V	
XT2-5	预留		
XT2-6	预留		
XT2-7	预留		
XT2-8	预留		
XT2-9	预留		
XT2-10	预留		
XT3-0	X00	升降台 A 原点传感器	
XT3-1	X01	升降台 A 上限位（常闭）	
XT3-2	X02	升降台 A 下限位（常闭）	
XT3-3	FZA	升降台 A 上限位（常开）	

续表

接口板地址	线号	功能描述	备注
XT3-4	ZZA	升降台 A 下限位（常开）	
XT3-5	X06	推料气缸 A 前限位	
XT3-6	X07	推料气缸 A 后限位	
XT3-7	J04	升降台气缸 A 控制	
XT3-8	X36	物料台检测传感器	
XT3-9	预留		
XT3-10	预留		

表 5-31　CN301 升降台 B 模块接线端子分配

接口板地址	线号	功能描述	备注
XT1-0	PS13-（0 V）	原点传感器 0 V	
XT1-1	PS13-	推料气缸前限位磁性开关 0 V	
XT1-2	PS13-	推料气缸后限位磁性开关 0 V	
XT1-3	预留		
XT1-4	预留		
XT1-5	预留		
XT1-6	预留		
XT1-7	预留		
XT1-8	预留		
XT1-9	预留		
XT1-10	预留		
XT2-0	PS13+（24 V）	原点传感器 24 V	
XT2-1	PS13+	上限位微动开关 24 V	
XT2-2	PS13+	下限位微动开关 24 V	
XT2-3	PS13+	推料气缸电磁阀 24 V	
XT2-4	预留		
XT2-5	预留		
XT2-6	预留		
XT2-7	预留		
XT2-8	预留		
XT2-9	预留		
XT2-10	预留		

续表

接口板地址	线号	功能描述	备注
XT3-0	X03	升降台 B 原点传感器	
XT3-1	X04	升降台 B 上限位（常闭）	
XT3-2	X05	升降台 B 下限位（常闭）	
XT3-3	FZB	升降台 B 上限位（常开）	
XT3-4	ZZB	升降台 B 下限位（常开）	
XT3-5	X14	推料气缸 B 前限位	
XT3-6	X15	推料气缸 B 后限位	
XT3-7	J05	升降台气缸 B 控制	
XT3-8	预留		
XT3-9	预留		
XT3-10	预留		

表 5-32 CN302 装配台模块接线端子分配

接口板地址	线号	功能描述	备注
XT1-0	PS13-（0 V）	定位气缸后限位磁性开关 0 V	
XT1-1	PS13-	定位气缸前限位磁性开关 0 V	
XT1-2	PS13-	挡料气缸前限位磁性开关 0 V	
XT1-3	PS13-	挡料气缸后限位磁性开关 0 V	
XT1-4	预留		
XT1-5	预留		
XT1-6	预留		
XT1-7	预留		
XT1-8	预留		
XT1-9	预留		
XT1-10	预留		
XT2-0	PS13+（24 V）	定位气缸电磁阀 24 V	
XT2-1	PS13+	挡料气缸电磁阀 24 V	
XT2-2	预留		
XT2-3	预留		
XT2-4	预留		
XT2-5	预留		
XT2-6	预留		

续表

接口板地址	线号	功能描述	备注
XT2-7	预留		
XT2-8	预留		
XT2-9	预留		
XT2-10	预留		
XT3-0	Y06	定位气缸电磁阀	
XT3-1	Y07	挡料气缸电磁阀	
XT3-2	X37	加盖定位气缸缩回，X37 闭合	
XT3-3	X33	加盖定位气缸伸出，X33 闭合	
XT3-4	X16	挡料气缸前限位，X16 闭合	
XT3-5	X17	挡料气缸后限位，X17 闭合	
XT3-6	预留		
XT3-7	预留		
XT3-8	预留		
XT3-9	预留		
XT3-10	预留		

5. 调试步骤

本套设备的执行器件主要包括：步进驱动、气动驱动、压力开关和机器人。气动驱动主要由两位五通电磁阀控制双轴气缸和吸盘；其中步进驱动用于控制 A、B 升降台的升降。

1）上电前检查

（1）观察机构上各元件外表是否有明显移位、松动或损坏等现象，如果存在以上现象，及时调整、紧固或更换元件。

（2）对照接口板端子分配表或接线图检查桌面和挂板接线是否正确，尤其要检查 24 V 电源，电气元件电源线等线路是否有短路、断路现象。

（3）接通气路，打开气源，手动控制电磁阀，确认各气缸及传感器的原始状态。

2）步进电动机的调试

该驱动部分需要利用 PLC 和计算机进行电路测试，主要测试线路连接 I/O 的正确与否以及步进电动机等执行机构的手动工作情况，从而设置合适的参数。

设置步进驱动器的拨码为 00110110（可根据需要进行调节），驱动器接口如图 5-172 所示。

驱动器端子接口定义如表 5-33 所示。

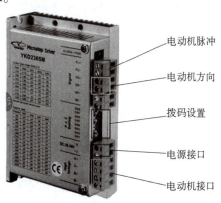

图 5-172 驱动器接口

表 5-33 驱动器端子接口定义

标记符号	功能	注释
POWER/ALARM	电源、报警指示灯	绿色：电源指示灯；红色：故障指示灯
PU	步进脉冲信号	下降沿有效，每当脉冲由高变低时，电动机走一步
DR	步进方向信号	用于改变电动机转向
MF	电动机释放信号	低电平时，关断电动机线圈电流，驱动器停止工作
+A	电动机接线	红色
-A		绿色
+B		蓝色
-B		黄色
+V	电源正极	DC 20~50 V
-V	电源负极	
SW1~SW3	电动机电流设置	ON：1
		OFF：0
SW4	全流锁机	ON：1
	半流锁机	OFF：0
SW5~SW8	电动机细分数设置	ON：1
		OFF：0

3) 数位显示气压开关调试序号

数位显示气压开关注解图如图 5-173 所示，RS-233 引脚定义如表 5-34 所示。

序号	名称
A	压力数值显示区域
B	设定气压值显示区域
C	数值向下降
D	设定，确认键
E	数值向上键
F	输出2指示灯
G	输出1指示灯

图 5-173 数位显示气压开关注解图

表 5-34 RS-232 引脚定义

参数	设定值
显示值校正	0%
输出 1（OUT1）模式	迟滞模式，常开
输出 2（OUT2）模式	迟滞模式，常开

续表

参数	设定值
迟滞值	2
压力设定值	50%（根据实际情况调整）
颜色切换设定	输出是显示红色，不输出是显示绿色（根据需要设定）
按键锁定	OFF

4）压力开关调试

设定顺序：通电→量测模式→零点校正→基本设定模式→量测模式。

（1）气压量测值归零（零点校正），如表5-35所示。

表5-35 气压量测值归零

操作方法	压力开关显示区域
在量测模式下同时按住上下箭头键，如右图所示即归零动作，放开按键归零成功	 0000 AdJ 同时按下

（2）模式切换操作方法如表5-36所示。

表5-36 模式切换操作方法

操作方法	压力开关显示区域
量测模式下按住设定键2 s，压力开关进入基本设定模式，按设定键选择对应功能后按上下键进行功能设定	 0000 AdJ 同时按下
量测模式下按住设定键4 s，压力开关进入基本设定模式，按设定键选择对应功能后按上下键进行功能设定	 EASY ot1

续表

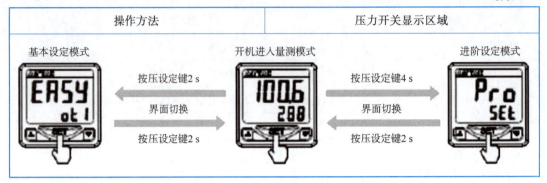

（3）输出一（OUT1）参数设定方法如表5-37所示。

表5-37 输出一参数设定方法

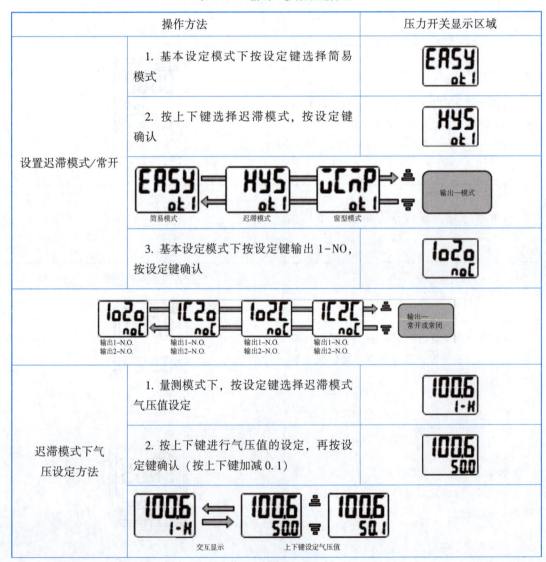

续表

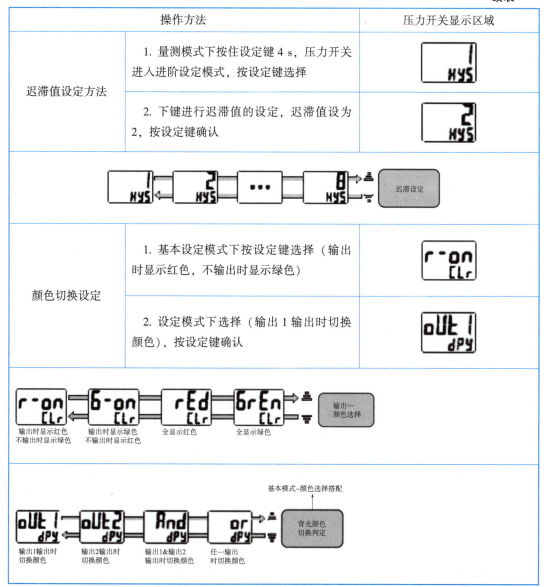

5）单机使用说明

（1）首先检查机器人是否为原点姿态，装配台上是否有物料，A 和 B 升降机构中是否有物料，若无则手动添加料盒料盖到 A 和 B 升降机构中，标签台上白色与蓝色标签是否有漏，若有则补齐。

（2）一切准备就绪，操作面板上看单机按钮是否常亮，若常亮，接下来先按复位，A 和 B 升降机构将会同时回到原点，机器人也会回到原点，此时复位按钮会从闪烁变为常亮，则说明已经复位完成。

（3）按下启动按钮，A 和 B 升降机构料盒料盖升起，挡料气缸升起，再由 A 升降机构将料盒推出至装配台上，由定位气缸横向将物料盒夹紧固定；与此同时，机器人前往前站预备夹取瓶子的位置等待，当前站的瓶子检测完毕后，工业机器人将前往夹取瓶子，并将瓶子放入料盒中，依次执行四次，工业机器人再从 B 升降机构将料盖用双吸盘吸起，前往装配台进行盖住；然后工业机器人前往标签模块吸取根据前站运输过来的瓶子的区分来分别进行判断，吸取对应的标签，并前往装配台进行贴标，依次执行四次。

（4）机器人点位解析如表 5-38 所示。

表 5-38 机器人点位解析

序号	坐标点名称	坐标点含义	序号	坐标点名称	坐标点含义
1	j00	机器人回到原点	25	pTakeBlack10	蓝色 11 号标签位置
2	P01	抓取等待点	26	pTakeBlack11	蓝色 12 号标签位置
3	pPick	夹取瓶子点位	27	p08	吸取上标签的过渡点
4	pPlaceBase0	放置第一个瓶子位置	28	P04	装配台前准备放标签过渡点
5	pPlaceBase1	放置第二个瓶子位置	29	pPasteBlack0	放蓝色标签 1 号位置
6	pPlaceBase2	放置第三个瓶子位置	30	pPasteBlack1	放蓝色标签 2 号位置
7	pPlaceBase3	放置第四个瓶子位置	31	pPasteBlack2	放蓝色标签 3 号位置
8	p02	放置瓶子的过渡点	32	pPasteBlack3	放蓝色标签 4 号位置
9	p05	吸取盖子的过渡点	33	pTakeWhite0	白色 1 号标签位置
10	pPickLid	吸取盖子	34	pTakeWhite1	白色 2 号标签位置
11	p06	放置盖子的过渡点	35	pTakeWhite2	白色 3 号标签位置
12	pPlaceLid	放盖位置	36	pTakeWhite3	白色 4 号标签位置
13	p07	吸取蓝色标签过渡点	37	pTakeWhite4	白色 5 号标签位置
14	p03	标签台上端过渡点	38	pTakeWhite5	白色 6 号标签位置
15	pTakeBlack0	蓝色 1 号标签位置	39	pTakeWhite6	白色 7 号标签位置
16	pTakeBlack1	蓝色 2 号标签位置	40	pTakeWhite7	白色 8 号标签位置
17	pTakeBlack2	蓝色 3 号标签位置	41	pTakeWhite8	白色 9 号标签位置
18	pTakeBlack3	蓝色 4 号标签位置	42	pTakeWhite9	白色 10 号标签位置
19	pTakeBlack4	蓝色 5 号标签位置	43	pTakeWhite10	白色 11 号标签位置
20	pTakeBlack5	蓝色 6 号标签位置	44	pTakeWhite11	白色 12 号标签位置
21	pTakeBlack6	蓝色 7 号标签位置	45	pPasteWhite0	放白色标签 1 号位置
22	pTakeBlack7	蓝色 8 号标签位置	46	pPasteWhite1	放白色标签 2 号位置
23	pTakeBlack8	蓝色 9 号标签位置	47	pPasteWhite2	放白色标签 3 号位置
24	pTakeBlack9	蓝色 10 号标签位置	48	pPasteWhite3	放白色标签 4 号位置

6. 检测分拣单元气路图（图5-174）

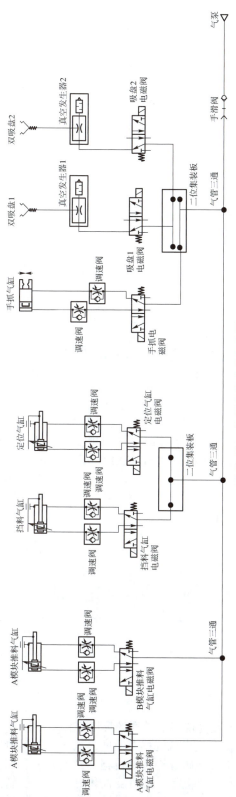

图5-174 检测分拣单元气路图

任务评价

任务评价表如表 5-39 所示。

表 5-39 任务评价表

序号	考核要点	项目（配分：100分）	教师评分
1	会工业机器人编程	25	
2	会使用 RobotStudio 软件	25	
3	会编写 PLC 程序	25	
4	会调试步进电动机	15	
5	劳动保护用品穿戴整齐；遵守操作规程；讲文明礼貌；操作结束要清理现场	10	
	得分		

任务 5.6　自动化生产线之智能仓储单元调试

【任务描述】

根据设备运行的要求，对智能仓储单元的传感器、数字流量开关、伺服系统、步进驱动器系统、按钮板、自动流程、压力开关、自动运行进行调试，使整个单元能够正常运行。

【学前准备】

（1）查阅资料了解伺服驱动器 MR-JE 的使用。
（2）查阅资料了解 MCGS 的使用。

【学习目标】

（1）了解伺服驱动系统的使用。
（2）了解步进驱动器系统的使用。
（3）掌握 MCGS（昆仑通态）组态画面的编写。

预备知识

1. 伺服电动机及伺服驱动器的使用方法

1）伺服系统

伺服系统又称随动系统，是用来精确地跟随或复现某个过程的反馈控制系统。在很多情况下，伺服系统专指被控制量（系统的输出量）是机械位移或速度、加速度的反馈控制系统，其作用是使输出的机械位移（或转角）准确地跟踪输入的位移（或转角）。

伺服系统主要由三部分组成：控制器、功率驱动装置、反馈装置和电动机。控制器按照系统的给定值和通过反馈装置检测的实际运行值的差，调节控制量；功率驱动装置作为系统的主回路，一方面按控制量的大小将电网中的电能作用到电动机之上，调节电动机转矩的大小，另一方面按电动机的要求把恒压恒频的电网供电转换为电动机所需的交流电或直流电；电动机则按供电大小拖动机械运转。

伺服系统具有三种工作模式，即位置控制模式、速度控制模式和转矩控制模式。位置控制模式是利用上位机产生的脉冲来控制伺服电动机的转动，脉冲的个数决定了转动的角度，脉冲的频率决定了伺服电动机的速度。位置控制模式是维持伺服电动机的转速，当负载增大时，电动机输出的力矩增大（不超过最大输出转矩）；当负载减小时，电动机输出的力矩减小。转矩控制模式是维持电动机的转矩保持不变，当负载变化时，电动机的速度跟随变化，保持电动机的转矩不变。

成品入仓单元中应用了两套伺服系统，分别控制垛料机构的左右旋转及上下升降动作，该伺服系统主要由伺服驱动器和伺服电动机两部分组成，如图5-175所示。伺服驱动器型号为MR-JE-10A。成品入仓单元中伺服系统工作在位置控制模式。

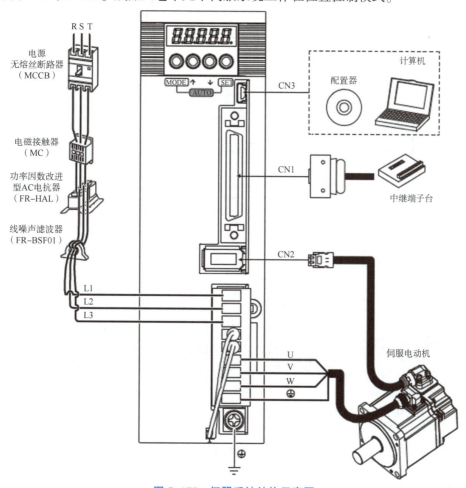

图5-175 伺服系统结构示意图

2）伺服驱动器 MR-JE 介绍

三菱交流伺服驱动器 MR-JE 系列具有位置控制和内部速度控制两种模式，可以通过改变控制模式执行操作。伺服驱动器 MR-JE 的功能框图如图5-176所示。

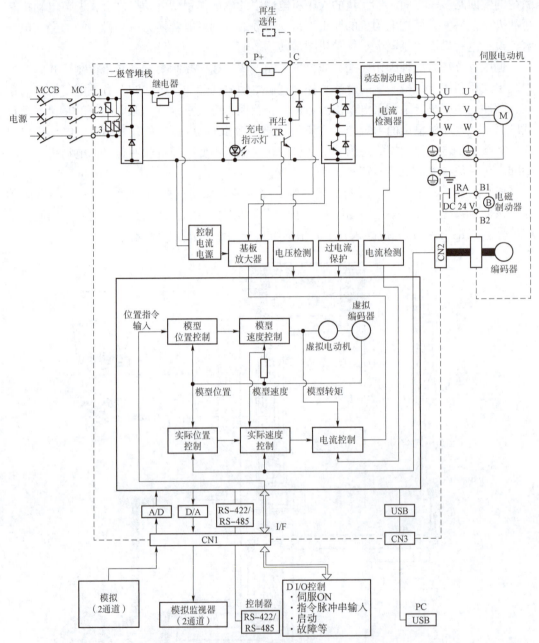

注：1. MR-JE-10A以及MR-JE-20A中没有内置再生电阻器。
2. 使用单相AC 200~240 V电源时，请将电源连接至L1和L3，不要在L2上做任务连接。

图 5-176　伺服驱动器 MR-JE 的功能框图

交流伺服驱动器的电路由主电路和控制电路组成，主电路结构与变频器类似，由整流电路、滤波电路、逆变电路构成，控制电路是伺服驱动器所特有的"三环"结构，即位置环、速度环、电流环，通过"三环"结构可以实现位置控制模式、速度控制模式和转矩控制模式。

(1) 伺服驱动器 MR-JE 部件介绍。

伺服驱动器 MR-JE 各接口详细定义如图 5-177 所示。

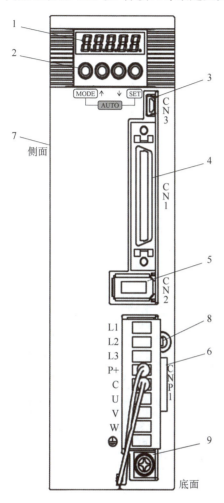

编号	名称·用途
1	显示部 在5位7段的LED中显示伺服的状态以及报警编号
2	操作部位 对状态显示、诊断、报警以及参数进行操作，同时按下 "MODE" 与 "SET" 3 s 以上后，将会进入单键调整模式。
3	USB通信用连接器（CN3） 与计算机连接
4	输入输出信号用连接器（CN1） 连接数字输入输出信号、模拟输入信号、模拟监视输出信号及RS-422通信用控制器
5	编码器连接器（CN2） 连接伺服电动机编码器
6	电源连接器（CNP1） 连接输入电源、内置再生电阻器、再生选件以及伺服电动机
7	铭牌
8	充电指示灯 主电路存在电荷时亮灯。亮灯时请勿进行电线的连接和更换等
9	保护接地（PE）端子 接地端子

图 5-177 伺服驱动器 MR-JE 各接口定义

(2) 伺服驱动器的接线。

伺服驱动器的接线分主电路接线和控制回路接线，三菱伺服驱动器 MR-JE 主电路接线原理图如图 5-178 所示，控制回路接线原理图如图 5-179 所示，伺服驱动器与伺服电动机的接线原理图如图 5-180 所示。

伺服驱动器在位置控制模式下工作时，控制伺服电动机转动的脉冲与方向信号通常由 PLC 作为上位机来产生，其接线原理图如图 5-181 所示。

(3) 伺服驱动器参数设定。

① 参数设定方法。

参数的详细设定方法请参考驱动器使用说明书。下面以 0 号参数为例，简单说明更改速度控制模式的操作方法，如图 5-182 所示，接通电源后，使用 "MODE" 按键即进入基本参数画面。

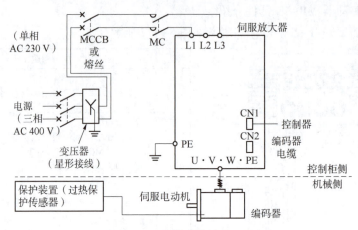

图 5-178 主电路接线原理图

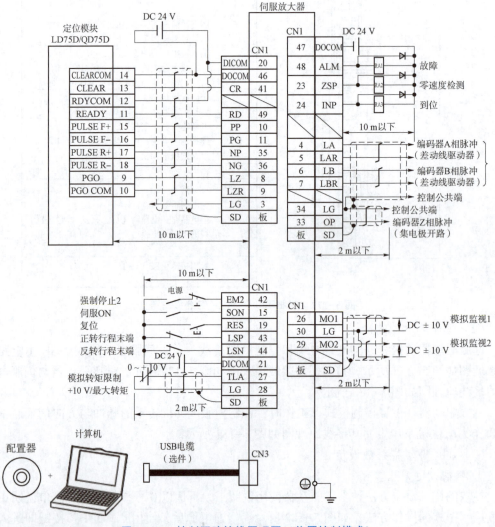

图 5-179 控制回路接线原理图（位置控制模式）

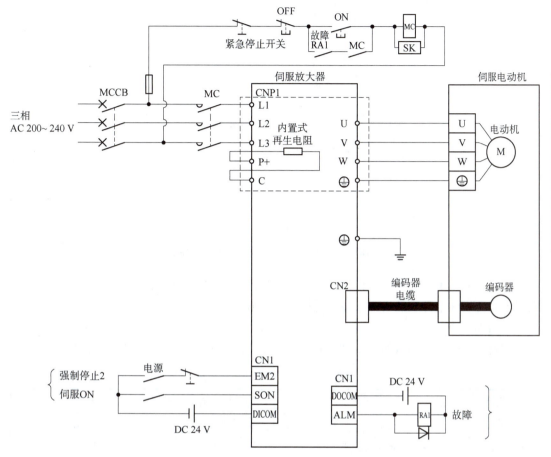

图 5-180 伺服驱动器与伺服电机的接线原理图

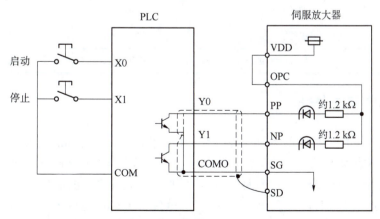

图 5-181 PLC 控制伺服驱动器的接线原理图

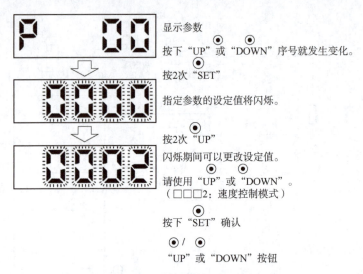

图 5-182　伺服驱动器参数设定操作方法示意图

需要移动到下一参数时，请使用"UP""DOWN"按键。更改 0 号参数时，应在更改设置值后先切断电源，然后再接通，这样才会生效。

② 主要参数。

需要设定的主要参数如表 5-40 所示，详细参数请查阅伺服驱动器使用说明书。

表 5-40　需要设定的主要参数

地址	名称	初始值	设定值
P00	控制模式设置	0000	0000
P03	电子齿轮分子	1	100
P04	电子齿轮分母	1	1
P19	参数写入禁止	0000	0000
P21	指令脉冲选择	0000	0011
P22	极限停止方式	0000	0000
P41	输入信号选择	0000	0001
P48	输入端子选择	0403	0403

2. 工控组态软件的使用

1）概述

计算机技术和网络技术的飞速发展，为工业自动化开辟了广阔的发展空间，用户可以方便快捷地组建优质高效的监控系统，并且通过采用远程监控及诊断、双机热备等先进技术，使系统更加安全可靠，在这方面，MCGS 工控组态软件将提供强有力的软件支持。

MCGS 工控组态软件是一套 32 位工控组态软件，可稳定运行于 Windows95/98/NT 操作系统，集动画显示、流程控制、数据采集、设备控制与输出、网络数据传输、双机热备、工程报表、数据与曲线等诸多强大功能于一身，并支持国内外众多数据采集与输出设备。

2）软件组成

（1）按使用环境分，MCGS组态软件由"MCGS组态环境"和"MCGS运行环境"两个系统组成，如图5-183所示。两部分既互相独立，又紧密相关，分述如下：

MCGS组态环境：该环境是生成用户应用系统的工作环境，用户在MCGS组态环境中完成动画设计、设备连接、编写控制流程、编制工程打印报表等全部组态工作后，生成扩展名为.mcg的工程文件，又称为组态结果数据库，其与MCGS运行环境一起，构成了用户应用系统，统称为"工程"。

MCGS运行环境：该环境是用户应用系统的运行环境，在运行环境中完成对工程的控制工作。

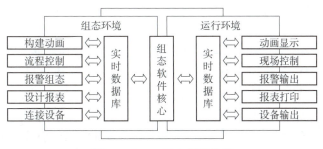

图5-183 MCGS组态软件

（2）按组成要素分，MCGS工程由主控窗口、设备窗口、用户窗口、实时数据库和运行策略五部分构成，如图5-184所示。

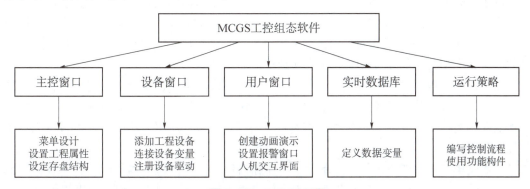

图5-184 MCGS工程

主控窗口：是工程的主窗口或主框架。在主控窗口中可以放置一个设备窗口和多个用户窗口，负责调度和管理这些窗口的打开或关闭。主要的组态操作包括：定义工程的名称、编制工程菜单、设计封面图形、确定自动启动的窗口、设定动画刷新周期、指定数据库存盘文件名称及存盘时间等。

设备窗口：是连接和驱动外部设备的工作环境。在本窗口内配置数据采集与控制输出设备，注册设备驱动程序，定义连接与驱动设备用的数据变量。

用户窗口：本窗口主要用于设置工程中人机交互的界面，诸如生成各种动画显示画面、报警输出、数据与曲线图表等。

实时数据库：是工程各个部分的数据交换与处理中心，它将 MCGS 工程的各个部分连接成有机的整体。在本窗口内定义不同类型和名称的变量，作为数据采集、处理、输出控制、动画连接及设备驱动的对象。

运行策略：本窗口主要完成工程运行流程的控制，包括编写控制程序（if…then 脚本程序），选用各种功能构件，如数据提取、历史曲线、定时器、配方操作、多媒体输出等。

3）软件组态过程实例

（1）理论分析。

一般来说，整套组态设计工作可做以下步骤加以区分：

工程项目系统分析：分析工程项目的系统构成、技术要求和工艺流程，弄清系统的控制流程和测控对象的特征，明确监控要求和动画显示方式，分析工程中的设备采集及输出通道与软件中实时数据库变量的对应关系，分清哪些变量是要求与设备连接的，哪些变量是软件内部用来传递数据及动画显示的。

工程立项搭建框架：MCGS 称为建立新工程。主要内容包括：定义工程名称、封面窗口名称和启动窗口（封面窗口退出后接着显示的窗口）名称，指定存盘数据库文件的名称以及存盘数据库，设定动画刷新的周期。经过此步操作，即在 MCGS 组态环境中，建立了由五部分组成的工程结构框架。封面窗口和启动窗口也可等到建立了用户窗口后，再行建立。

设计菜单基本体系：为了对系统运行的状态及工作流程进行有效的调度和控制，通常要在主控窗口内编制菜单。编制菜单分两步进行，第一步首先搭建菜单的框架，第二步再对各级菜单命令进行功能组态。在组态过程中，可根据实际需要，随时对菜单的内容进行增加或删除，不断完善工程的菜单。

制作动画显示画面：动画制作分为静态图形设计和动态属性设置两个过程。前一部分类似于"画画"，用户通过 MCGS 组态软件中提供的基本图形元素及动画构件库，在用户窗口内"组合"成各种复杂的画面；后一部分则设置图形的动画属性，与实时数据库中定义的变量建立相关性的连接关系，作为动画图形的驱动源。

编写控制流程程序：在运行策略窗口内，从策略构件箱中选择所需功能策略构件，构成各种功能模块（称为策略块），由这些模块实现各种人机交互操作。MCGS 还为用户提供了编程用的功能构件（称之为"脚本程序"功能构件），使用简单的编程语言，编写工程控制程序。

完善菜单按钮功能：包括对菜单命令、监控器件、操作按钮的功能组态；实现历史数据、实时数据、各种曲线、数据报表、报警信息输出等功能；建立工程安全机制等。

编写程序调试工程：利用调试程序产生的模拟数据，检查动画显示和控制流程是否正确。

连接设备驱动程序：选定与设备相匹配的设备构件，连接设备通道，确定数据变量的数据处理方式，完成设备属性的设置。此项操作在设备窗口内进行。

工程完工综合测试：最后测试工程各部分的工作情况，完成整个工程的组态工作，实施工程交接。

（2）实例组态。

本实例所要达到的最终效果为：

在画面 0 中新建两个按钮（"按钮 01"及"按钮 02"）、一个指示灯（指示灯 01）；

"按钮 01"用于将 FXPLC 中的 M0 置位；

"按钮 02"用于将 FXPLC 中的 M0 复位；

"指示灯 01"利用"红""黑"两种颜色指示 FXPLC 中的 Y000 点的状态：当 Y000 状态为 1 时，指示灯显示红色；当 Y000 状态为 0 时，指示灯显示黑色。

① 新建工程。

双击 ![MCGS图标]，进入 MCGS 组态环境，单击"文件/新建工程"，新建一个新的工程，其系统默认存储地址为"×/×/MCGS/WORK/新建工程"，如图 5-185 所示。

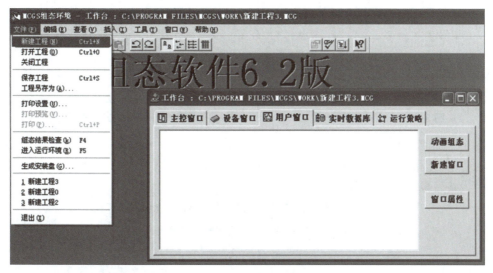

图 5-185 新建工程

② 组态实时数据库。

在新建工程的界面中选择"实时数据库"选项标题栏，单击"新增对象"按钮两次，在主对话框中就会出现两个新建立的内部数据，名称分别为 Data1 和 Data2，如图 5-186 所示。

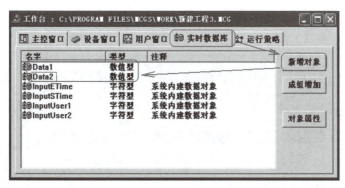

图 5-186 组态实时数据库

双击"Data1"数据对象，在弹出的属性对话框中对其属性做如下设置，其他默认设置即可，设置完毕后，单击"确定"按钮，退出设置对话框，如图 5-187 所示。

双击"Data2"数据对象，在弹出的属性对话框中对其属性做如下设置，其他默认设置即可，设置完毕后，单击"确定"按钮，退出设置对话框，如图5-188所示。

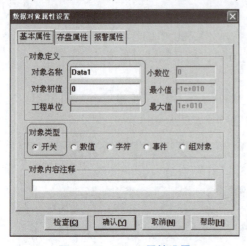

图5-187　Data1属性设置　　　图5-188　Data2属性设置

③ 组态设备窗口。

在新建工程的界面中选择"设备窗口"选项标题栏，单击"设备窗口"图标，系统弹出"设备窗口"设置对话框，如图5-189所示。

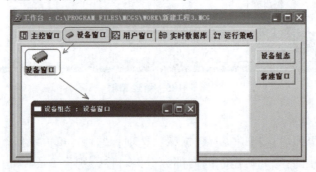

图5-189　组态设备窗口

单击 ![图标]，在弹出的"设备工具箱"中单击"设备管理"按钮，弹出"设备管理"对话框，如图5-190所示。

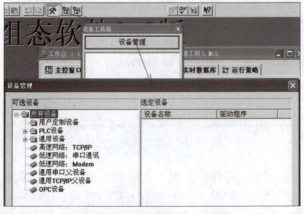

图5-190　"设备管理"对话框

双击对话框中左侧选择区中的"通用串口父设备",将其添加至右侧对话框中,如图 5-191 所示。

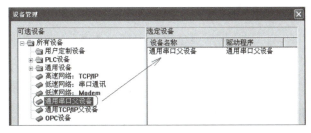

图 5-191 将"通用串口父设备"添加至右侧对话框

与上步一致,双击对话框中左侧选择区中的三菱通信子驱动,将其添加至右侧对话框中,如图 5-192 所示。

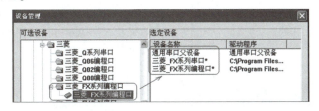

图 5-192 将三菱通信子驱动添加至右侧对话框

添加完毕后,双击"设备工具箱"中的"通用串口父设备"及"三菱通信子驱动",将其添加至通道设置对话框中,如图 5-193 所示。

图 5-193 通道设置对话框添加内容

双击"通用串口父设备",设置其参数,具体如图 5-194 所示。

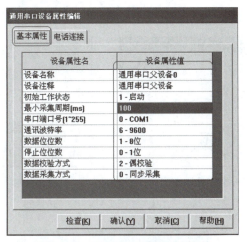

图 5-194 通用串口设备属性编辑

同理，双击"三菱通信子驱动"，在弹出的对话框中选择"基本属性"标签，对其基本属性进行设置，如图5-195所示。

光标选择"设置设备内部属性"，单击其右侧按钮，在弹出的"通道属性设置"对话框中添加MCGS与PLC之间的数据通道，单击"增加通道"，在弹出的"增加通道"设置对话框中，做如图5-196所示设置。

图5-195 设备属性设置

图5-196 "增加通道"对话框

同理，添加另一个变量通道，如图5-197所示。

选择"通道连接"标签，对PLC中的数据与MCGS的内部数据进行一一对应，单击"确定"按钮，退出设备属性设置对话框，如图5-198所示。

图5-197 添加另一个变量通道

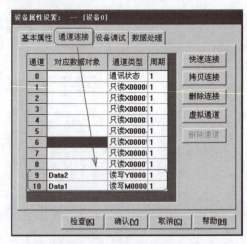

图5-198 "通道连接"对话框

④ 组态用户窗口。

退至MCGS主界面，选择"用户窗口"标题栏，单击"新建窗口"按钮，新建一个新的用户窗口，选择窗口 0 图标，右键选择"设置为启动窗口"选项，如图 5-199 所示。

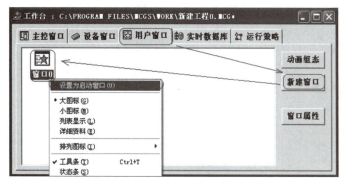

图 5-199　新建用户窗口

双击"窗口 0"，打开窗口，选择"工具箱"中的按钮及矩形，将其安插到"动画组态窗口 0"中，如图 5-200 所示。

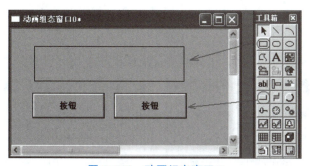

图 5-200　动画组态窗口 0

双击左侧按钮，设置其属性，如图 5-201 所示。

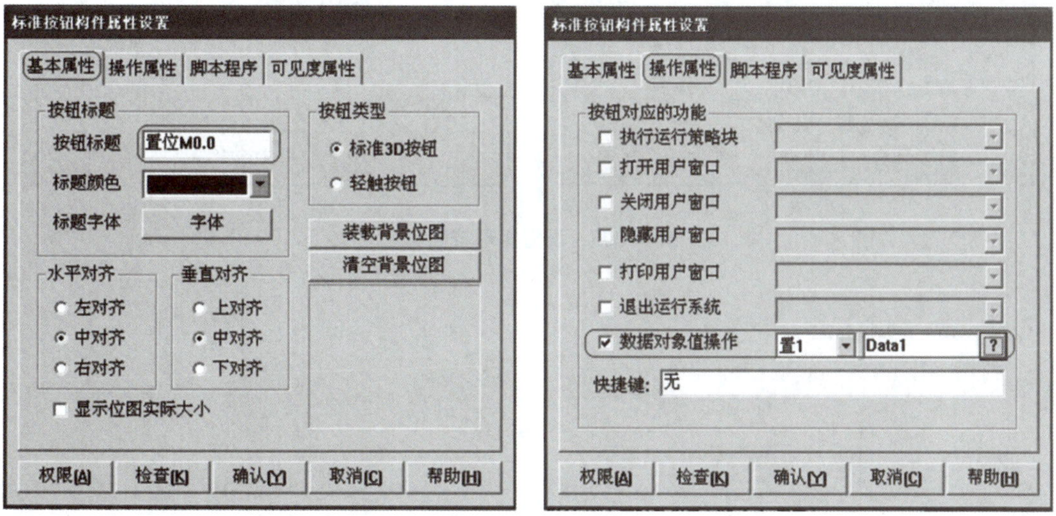

(a)　　　　　　　　　　　　　　　(b)

图 5-201　设置左侧按钮属性

(a) 基本属性；(b) 操作属性

双击右侧按钮，设置其属性，如5-202所示。

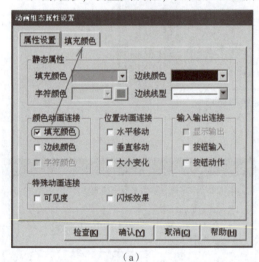
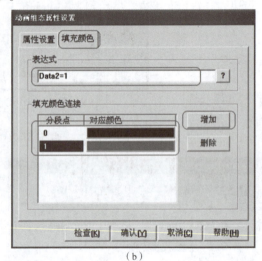

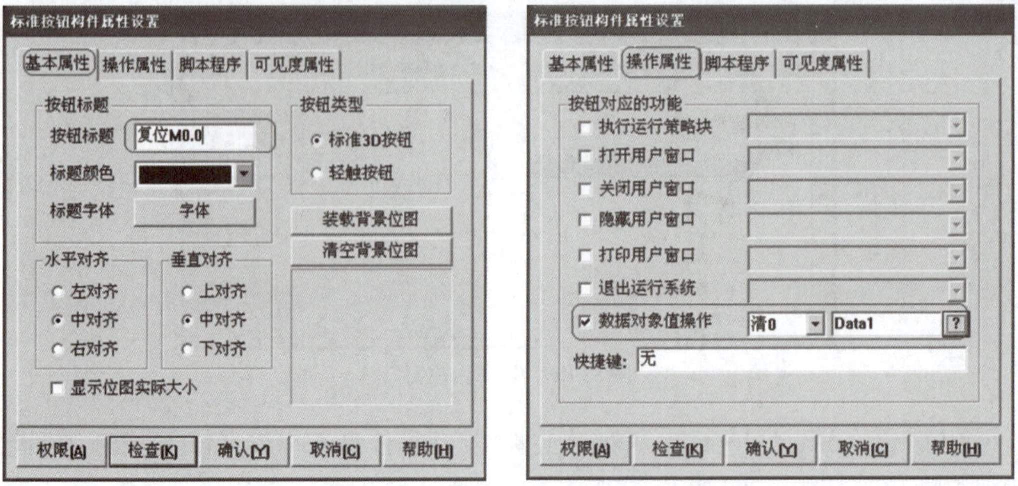

图 5-202　设置右侧按钮属性

（a）基本属性；（b）操作属性

双击矩形，设置其属性，如图 5-203 所示。

图 5-203　设置矩形按钮属性

（a）属性设置；（b）填充颜色

⑤ 编写 PLC 程序。

利用 GXDeveloper 软件编写如图 5-204 所示程序并下载至 PLC 中。

图 5-204　程序

⑥ 运行组态。

单击"文件/进入运行环境"进入运行环境，验证组态结果，如图 5-205 所示。

图 5-205 验证组态结果

任务实施

1. PLC 控制原理图（图 5-206）

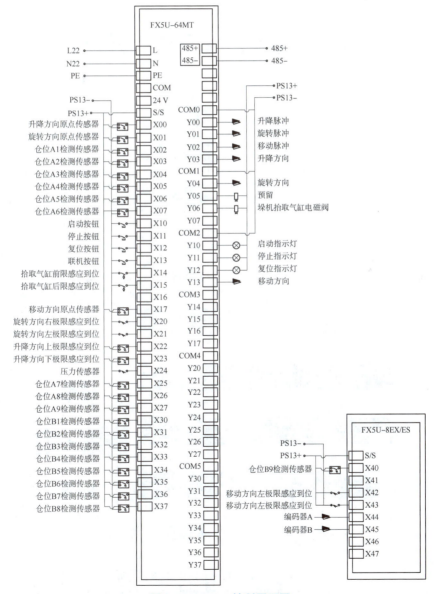

图 5-206 PLC 控制原理图

2. 单机流程图

主程序流程图如图 5-207 所示，通信、复位、停止程序流程图如图 5-208 所示，取料程序流程图如图 5-209 所示，放料程序流程图如图 5-210 所示，移动到等待点程序流程图如图 5-211 所示，入库程序流程图如图 5-212 所示。

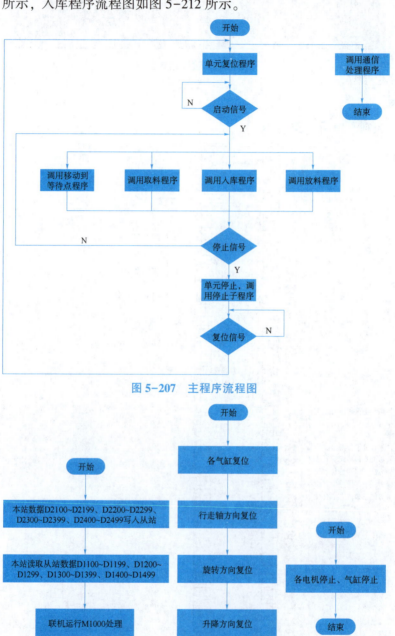

图 5-207　主程序流程图

图 5-208　通信、复位、停止程序流程图

（a）通信处理程序；（b）复位程序；（c）停止程序

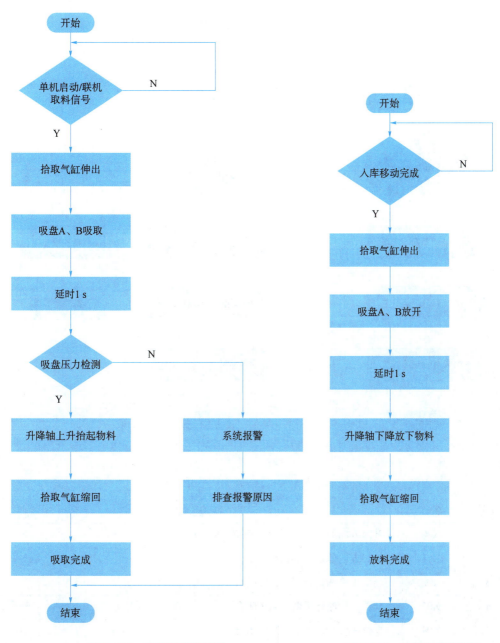

图 5-209 取料程序流程图　　图 5-210 放料程序流程图

3. I/O 功能分配表

智能仓储单元 PLC I/O 功能分配如表 5-41 所示。

4. 接口板端子分配表

（1）桌面 37 针接口板 CN310 端子分配如表 5-42 所示。

（2）桌面 37 针接口板 CN311 端子分配如表 5-43 所示。

（3）桌面 37 针接口板 CN312 端子分配如表 5-44 所示。

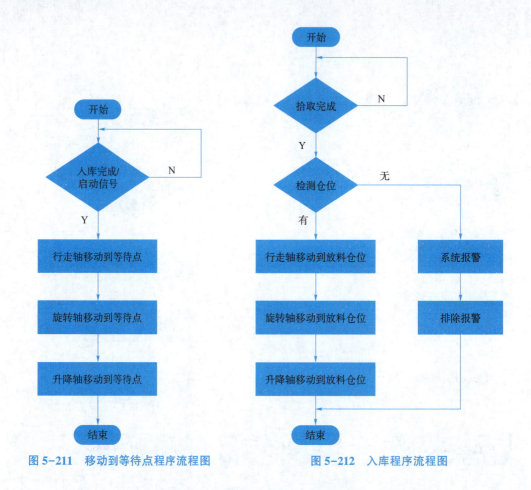

图 5-211 移动到等待点程序流程图　　图 5-212 入库程序流程图

表 5-41　智能仓储单元 PLC I/O 分配

序号	名称	功能描述
1	X00	升降方向原点传感器感应到位，X00 断开
2	X01	旋转方向原点传感器感应到位，X01 断开
3	X02	仓位 1 检测传感器，X02 闭合
4	X03	仓位 2 检测传感器，X03 闭合
5	X04	仓位 3 检测传感器，X04 闭合
6	X05	仓位 4 检测传感器，X05 闭合
7	X06	仓位 5 检测传感器，X06 闭合
8	X07	仓位 6 检测传感器，X07 闭合
9	X10	启动按钮，X10 闭合
10	X11	停止按钮，X11 闭合
11	X12	复位按钮，X12 闭合
12	X13	联机按钮，X13 闭合

续表

序号	名称	功能描述
13	X14	拾取气缸前限感应到位，X14 闭合
14	X15	拾取气缸后限感应到位，X15 闭合
15	X17	移动方向原点传感器感应到位，X17 断开
16	X20	旋转方向右极限感应到位，X20 闭合
17	X21	旋转方向左极限感应到位，X21 闭合
18	X22	升降方向上极限感应到位，X22 闭合
19	X23	升降方向下极限感应到位，X23 闭合
20	X24	真空压力开关输出为 ON 时，X24 闭合
21	X25	仓位 7 检测传感器，X25 闭合
22	X26	仓位 8 检测传感器，X26 闭合
23	X27	仓位 9 检测传感器，X27 闭合
24	X30	仓位 11 检测传感器，X30 闭合
25	X31	仓位 12 检测传感器，X31 闭合
26	X32	仓位 13 检测传感器，X32 闭合
27	X33	仓位 14 检测传感器，X33 闭合
28	X34	仓位 15 检测传感器，X34 闭合
29	X35	仓位 16 检测传感器，X35 闭合
30	X36	仓位 17 检测传感器，X36 闭合
31	X37	仓位 18 检测传感器，X37 闭合
32	X40	仓位 19 检测传感器，X40 闭合
33	X42	移动方向右极限感应到位，X42 闭合
34	X43	移动方向左极限感应到位，X43 闭合
35	X44	编码器 A
36	X45	编码器 B
37	Y00	Y00 输出，脉冲串升降方向电动机旋转
38	Y01	Y01 输出，脉冲串旋转方向电动机旋转
39	Y02	Y02 输出，脉冲串行走方向电动机旋转
40	Y03	Y03 闭合，升降方向电动机反转
41	Y04	Y04 闭合，旋转方向电动机反转
42	Y05	Y05 闭合，垛机拾取吸盘电磁阀启动
43	Y06	Y06 闭合，垛机拾取气缸电磁阀启动
44	Y07	

续表

序号	名称	功能描述
45	Y10	启动指示灯亮
46	Y11	停止指示灯亮
47	Y12	复位指示灯亮
48	Y13	Y13闭合，移动方向电动机反转
49	Y14	

表 5-42 桌面 37 针接口板 CN310 端子分配

接口板地址	线号	功能描述
XT3-1	X01	旋转轴原点传感器
XT3-2	X02	仓位 1 检测传感器
XT3-3	X03	仓位 2 检测传感器
XT3-4	X04	仓位 3 检测传感器
XT3-5	X05	仓位 4 检测传感器
XT3-6	X06	仓位 5 检测传感器
XT3-7	X07	仓位 6 检测传感器
XT3-8	LSP2	旋转轴右限常闭
XT3-9	X20	旋转轴右限常开
XT3-10	LSN2	旋转轴左限常闭
XT3-11	X21	旋转轴左限常开
XT3-12	X24	真空压力开关
XT3-13	X25	仓位 7 检测传感器
XT3-14	X26	仓位 8 检测传感器
XT3-15	X27	仓位 9 检测传感器
XT1/XT4	PS13+	24 V 电源正极
XT5	PS13-	24 V 电源负极

表 5-43 桌面 37 针接口板 CN311 端子分配

接口板地址	线号	功能描述
XT3-0	X00	升降轴原点传感器
XT3-1	LSP1	升降轴下限常闭
XT3-2	X22	升降轴下限常开
XT3-3	LSN1	升降轴上限常闭
XT3-4	X23	升降轴上限常开
XT3-5	X30	仓位 1 检测传感器
XT3-6	X31	仓位 2 检测传感器
XT3-7	X32	仓位 3 检测传感器

续表

接口板地址	线号	功能描述
XT3-8	X33	仓位4检测传感器
XT3-9	X34	仓位5检测传感器
XT3-10	X35	仓位6检测传感器
XT3-11	X36	仓位7检测传感器
XT3-12	X14	拾取气缸前限
XT3-13	J15	拾取气缸后限
XT3-14	X37	仓位8检测传感器
XT3-15	X40	仓位9检测传感器
XT2-5	Y05	拾取吸盘电磁阀
XT2-6	Y06	拾取气缸电磁阀
XT1/XT4	PS13+	24 V电源正极
XT5	PS13-	24 V电源负极

表5-44 桌面37针接口板CN312端子分配

接口板地址	线号	功能描述
XT3-0	X17	移动轴原点传感器
XT3-2	x42	移动轴右限常开
XT3-4	x43	移动轴左限常开
XT3-5	A	编码器A
XT3-6	B	编码器B
XT1/XT4	PS13+	24 V电源正极
XT5	PS13-	24 V电源负极

5. 调试步骤

1）上电前检查

（1）观察机构上各元件外表是否有明显移位、松动或损坏等现象；如果存在以上现象，及时调整、紧固或更换元件。

（2）对照接口板端子分配表或接线图检查桌面和挂板接线是否正确，尤其要检查24 V电源，电气元件电源线等线路是否有短路、断路现象。

（3）接通气路，打开气源，按照图5-213所示操作按下电磁阀的旋具，压下回转锁定式按钮后可以锁定；将气动元件调节到最佳状态即可，并确认各气缸原始状态。

2）传感器部分的调试

该单元有18个传感器，分别安装于仓库各个仓位，通过使用小号一字螺丝刀

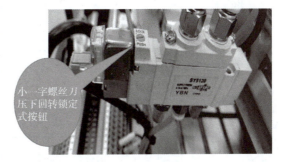

图5-213 数字流量开关

可以调整传感器极性和感度，本站要求：极性为 L，强度根据实际情况调节。

该单元有 3 个传感器，分别安装于升降轴原点位置及升降轴限位；该传感器是不可调节传感器，但是根据设备的安装配合情况需要进行位置调整。本站要求：确保原点机械部件在运行到各自原点或极限位时，可以准确无误地遮挡该传感器，并输出信号。

该单元有 2 个传感器是分别安装于旋转轴及行走轴原点位置；该传感器是不可调节传感器，但是根据设备的安装配合情况需要进行位置调整。本站要求：确保原点机械部件在运行到各自原点时，可以准确无误地遮挡该传感器，并输出信号。

3）数字流量开关调试

数字流量开关的型号采用 PF2A710-01-27，通过设置参数，选择设定模型及方法。

（1）各个部分及作用如图 5-214 所示。

① 表示部分：

输出（OUT1）表示（绿）：输出 OUT1 在 ON 时亮灯，发生电流过大错误时闪烁，输出（OUT2）表示（红）：输出 OUT2 在 ON 时亮灯，发生电流过大错误时闪烁。

LED 表示器：表示流量值、设定模式状态、选择的表示单位、错误代码。

▲按钮（UP）：选择模式并增加 ON/OFF 的设定值。

▼按钮（DOWN）：选择模式并减少 ON/OFF 的设定值。

SET 按钮：变更各模式及确定设定值时使用。

② 复位。如果同时按压▲按钮及▼按钮，复位功能启动。在清除发生异常的数据时使用。

（2）安装方法。

开关的管路连接，使用接头进行连接。

安装管路时，严格遵守紧固扭矩进行安装，适用扭矩请参照表 5-45。

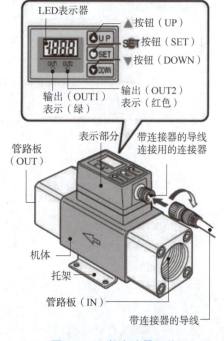

图 5-214 数字流量开关

表 5-45 紧固扭矩

螺钉型号	适用紧固扭矩/（N·m）
Rc1/8	7~9
Rc1/4	12~14
Rc3/8	22~24
Rc1/2	28~30
Rc3/4	28~30
Rc1	36~38

安装开关的管路时，在与管路部分一体的金属部分，使用扳钳安装，如表 5-45 中图。安装管路时，勿将密封条混入。

(3) 流量开关设定表示模式为累计流量开关。

连续按住 SET 按钮 2 s 以上，表示器变为 $\boxed{d\_1}$ 后离开 SET 按钮。按 ▲ 按钮，选择表示流量，按 SET 按钮。$\boxed{d\_1}$ 为瞬间流量，$\boxed{d\_2}$ 为累计流量。

(4) 设定输出方法。

输出方法有瞬间开关、累计开关、累计脉冲 3 种，可以设定向 OUT1、OUT2 的输出方法。

① 最初先设定输出 OUT1 的输出方法。

a. 按 ▲ 按钮，选择瞬间开关、累计开关、累计脉冲中的任何一个。

b. 使用 SET 按钮设定。$\boxed{o10}$ 为瞬间开关，$\boxed{o11}$ 为累计开关，$\boxed{o12}$ 为累计脉冲。

(2) 然后开始设定输出 OUT2 的输出方法，通过 ▲ 按钮，与输出 OUT1 同样选择 3 个输出方法中的 1 个。

使用 SET 按钮设定。$\boxed{o20}$ 为瞬间开关，$\boxed{o21}$ 为累计开关，$\boxed{o22}$ 为累计脉冲。

(5) 设定输出模式。

输出模式中有反转输出模式和非反转输出模式两种，可进行输出 OUT1、OUT2 各个输出模式的设定。

① 最初进行输出 OUT1 的输出模式的设定。

按 ▲ 按钮，选择反转输出模式和非反转输出模式中的任何一个。

使用 SET 按钮设定。$\boxed{1.n}$ 为反转输出模式，$\boxed{1.P}$ 为非反转输出模式。

② 然后，通过输出 OUT2 的输出模式的 ▲ 按钮，与输出 OUT1 同样选择反转或非反转输出模式中的 1 个。

使用 SET 按钮设定。$\boxed{1.n}$ 为反转输出模式，$\boxed{1.P}$ 为非反转输出模式。

(6) 累计流量表示功能。

先按 ▼ 按钮，然后按照 SET 按钮的顺序同时按这 2 个按钮，「—」闪烁后开始累计。累计值经常表示为下位 3 位数。如果想确认上位 3 位数，请按 ▼ 按钮。

按 ▲ 按钮时，即使在累计中也可以表示瞬间流量。

累计的停止：先按 ▼ 按钮，然后按照 SET 按钮的顺序同时按这 2 个按钮，表示可保持操作时的累计值。通过同时按 ▲ 按钮和 ▼ 按钮 2 s 以上，可清除累计值的表示。如果希望继续在累计的保持数值继续进行累计时，请再次按 ▼ 按钮，然后按照 SET 按钮的顺序同时按这 2 个按钮。

(7) 累计流量设定模式。

使用开关设定累计流量。为了使累计流量的表示为下位 3 位数与上位 3 位数切换表示，所以设定也需分别设定为下位 3 位数与上位 3 位数。

① 按 SET 按钮，显示出 $\boxed{F\_1}$ 及 $\boxed{F\_3}$ 后，离开 SET 按钮。显示 $\boxed{F\_3}$ 后，进入 3 项。（在初始设定将瞬间开关选择为开关输出的任何一个时，显示 $\boxed{F\_1}$，在其他情况下，则显示 $\boxed{F\_3}$。）

② 在显示 `F_1` 时，按 ▲ 按钮直至 `F_3`。由于以后的设定操作与 `F_3` 表示后的操作相同，请按照以下顺序设定。

③ 在显示 `F_3` 后，请按照以下顺序设定。

对于输出 OUT1、OUT2 中未设定累计流量模式的开关输出，可自动跳过该操作，进入以下操作。

按 SET 按钮，显示出输出 OUT1 的累计流量之下位 3 位数。

按 ▲ 按钮、▼ 按钮，使设定值与希望值相符。

在按 SET 按钮进行设定的同时，显示输出 OUT1 的上位 3 位数。

按 ▲ 按钮、▼ 按钮，使设定值与希望值相符。

在按 SET 按钮进行设定的同时，显示输出 OUT2 的下位 3 位数。

按 ▲ 按钮、▼ 按钮，使设定值与希望值相符。

在按 SET 按钮进行设定的同时，显示输出 OUT2 的上位 3 位数。

按 ▲ 按钮、▼ 按钮，使设定值与希望值相符。按 SET 按钮，返回到测量模式。

4）伺服系统的调试

伺服驱动器：本站伺服启动器即 MR-JE-10A，共 2 台，分别与升降方向和旋转方向的服电机配套；其参数需修改后才能正常使用。整体性能以及详细使用方法可参考 MR-JE 手册，参数修改如表 5-46 所示。

表 5-46 参数修改

地址	名称	初始值	设定值
PA01	控制模式设置	1000h	1000h
PA05	每转脉冲数	10000	10000
PA13	指令脉冲形态	0100h	0011h
PA19	参数写入禁止	00AAh	000Ch
PA23	驱动记录器任意警报触发器设定	0000h	0011h
PA24	功能选择	0000h	0000h
PD01	输入信号自动 ON 选择 1	0000h	0004h

5）步进驱动器系统的调试

步进驱动器：本站步进驱动器即 3DM580S，共 1 台，行走方向的步进电动机配套；其参数需拨码改后才能正常使用。整体性能以及详细使用方法参考光盘的步进驱动器手册，拨码如表 5-47 所示。

表 5-47 拨码

SW1	SW2	SW3	SW4	SW5	SW6	SW7	SW8
OFF	ON	OFF	ON	OFF	OFF	OFF	OFF

6. 智能仓储单元气路图（图 5-215）

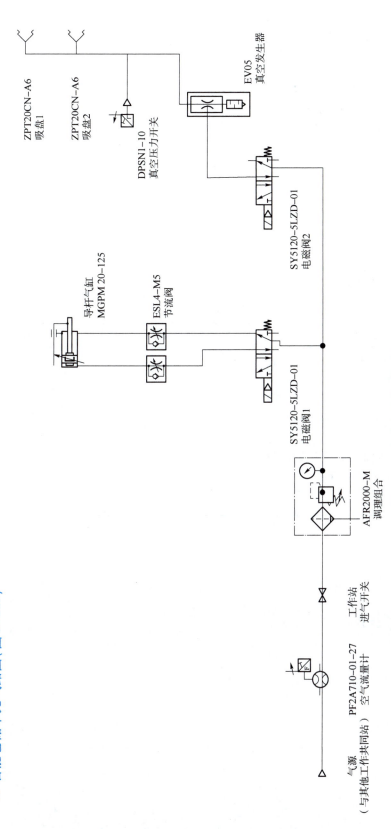

图 5-215 智能仓储单元气路图

6）按钮板部分调试

按钮板部分调试参照颗粒上料单元按钮板调试部分进行。

7）自动流程的调试

（1）开启设备电源，按照伺服说明书设置好相关参数，重新启动控制器；放一物料盒到机器人单元送料台上，按钮板上的旋钮开关拨到"单机"状态，点动"启动"按钮，堆垛机运动到托盘对准送料台，气缸伸出；吸盘吸附物料盒，气缸缩回到位后，堆垛机运动到空仓库位，气缸再次伸出把物料盒送入仓位，堆垛机回等待点，一个周期结束。

（2）再次单击"启动"按钮，然后重复上面流程。

8）压力开关调试

参照六轴机器人单元中压力开关调试部分。

任务评价

任务评价表如表 5-48 所示。

表 5-48 任务评价表

序号	考核要点	项目（配分：100分）	教师评分
1	会使用软件编写组态画面	30	
2	会编写 PLC 程序	30	
3	会调试伺服系统	15	
4	会调试驱动器	15	
5	劳动保护用品穿戴整齐；遵守操作规程；讲文明礼貌；操作结束要清理现场	10	
	得分		

参 考 文 献

[1] 王国永. MCS-51 单片机原理及应用［M］. 北京：机械工业出版社，2022.

[2] 汤荣生. 51 单片机项目化教程［M］. 北京：机械工业出版社，2018.

[3] 唐志凌，沈敏. 射频识别（RFID）应用技术［M］. 2 版. 北京：机械工业出版社，2021.

[4] 王庆有. 光电传感器应用技术［M］. 北京：机械工业出版社，2022.

[5] 刘强. 智能制造理论体系架构研究［J］. 中国机械工程，2020，31（01）：24-36.

[6] 周济，李培根，周艳红，等. 走向新一代智能制造［J］. Engineering，2018，4（01）：28-47.

[7] 李成渊. 射频识别技术的应用与发展研究［J］. 无线互联科技，2016（20）：146-148.

[8] 钱志鸿，王义君. 面向物联网的无线传感器网络综述［J］. 电子与信息学报，2013，35（01）：215-227.

[9] 穆国岩. 数控机床编程与操作［M］. 北京：机械工业出版社，2022.

[8] 钱志鸿，王义君. 面向物联网的无线传感器网络综述［J］. 电子与信息学报，2013，35（01）：215-227.

[9] 穆国岩. 数控机床编程与操作［M］. 北京：机械工业出版社，2022.

[10] 陈丽华，刘江. 3D 打印制造［M］. 北京：电子工业出版社，2020.

[11] 范君艳，樊江玲. 智能制造技术概论［M］. 武汉：华中科技大学出版社，2019.

[12] 周正鼎，沈阳，周志文. ABB 工业机器人技术应用项目教程专著［M］. 西安：西安电子科技大学出版社，2019.

[13] 杨金鹏，李勇兵. ABB 工业机器人应用技术［M］. 北京：机械工业出版社，2020.

[14] 李方园. 西门子 S7-1200 PLC 编程从入门到实战［M］. 北京：电子工业出版社，2021.

[15] 赵春生. PLC 应用技术（西门子 S7-1200）［M］. 北京：人民邮电出版社，2022.

[16] 葛英飞. 智能制造技术基础［M］. 北京：机械工业出版社，2019.

[17] 王芳，赵中宁. 智能制造技术与项目化应用［M］. 北京：机械工业出版社，2023.

[18] 刘强. 智能制造概论［M］. 北京：机械工业出版社，2021.

[19] 陈定方,胥军. 智能制造 [M]. 北京:科学普及出版社,2023.

[20] 陆剑峰,张浩,赵荣泳. 数字孪生技术与工程实践——模型+数据驱动的智能系统 [M]. 北京:机械工业出版社,2022.

[21] 郏东耀. 大数据与人工智能 [M]. 北京:清华大学出版社,2023.

[22] 田春华,李闯,刘家扬,崔鹏飞,杨锐,周杰. 工业大数据分析实践 [M]. 北京:电子工业出版社,2022.

[23] 刘怀兰,惠恩明. 工业大数据导论 [M]. 北京:机械工业出版社,2019.

[24] 中国电子技术标准化研究院. 信息物理系统(CPS)典型应用案例集 [M]. 北京:电子工业出版社,2019.